U0177630

现代房屋建造技术

洪树生 ▣ 著

知识产权出版社
全国百佳图书出版单位
——北京——

图书在版编目（CIP）数据

现代房屋建造技术/洪树生著. —北京：知识产权出版社，2020.9

ISBN 978-7-5130-6964-9

Ⅰ.①现… Ⅱ.①洪… Ⅲ.①房屋建筑学 Ⅳ.①TU22

中国版本图书馆 CIP 数据核字（2020）第 091022 号

内容简介

本书主要介绍在传统建造—现代建造—智慧建造中承前启后的现代化建造技术，包括现代现浇混凝土结构施工技术、装配式混凝土结构施工技术、装配式钢结构施工技术、现代木结构施工技术、装配式内填充体系、被动式超低能耗建筑建造技术、桩基础与深基坑支护技术等。

本书可作为建筑业相关从业人员，包括科学研究、工程管理、建筑设计、建筑施工、政府主管部门等专业工作者的参考用书，也可作为高等院校建筑类各专业的教学用书，还可作为相关培训的教材。

责任编辑：张雪梅　　　　　　　　责任印制：刘译文

封面设计：曹　来

现代房屋建造技术

XIANDAI FANGWU JIANZAO JISHU

洪树生　著

出版发行：知识产权出版社 有限责任公司	网　址：http://www.ipph.cn
	http://www.laichushu.com
电　话：010 - 82004826	
社　址：北京市海淀区气象路 50 号院	邮　编：100081
责编电话：010 - 82000860 转 8171	责编邮箱：laichushu@cnipr.com
发行电话：010 - 82000860 转 8101	发行传真：010 - 82000893
印　刷：三河市国英印务有限公司	经　销：各大网上书店、新华书店及相关专业书店
开　本：787mm×1092mm　1/16	印　张：10
版　次：2020 年 9 月第 1 版	印　次：2020 年 9 月第 1 次印刷
字　数：230 千字	定　价：65.00 元

ISBN 978-7-5130-6964-9

出版权专有　侵权必究

如有印装质量问题，本社负责调换。

前　　言

近几年，房屋建造技术不断创新，前沿科技目不暇接，建筑业处在转型升级的十字路口，政策引导非常密集。使命促使人们尝试去研读这些政策，探究创新技术，梳理纷杂科技，思考新的理念，建立新的知识体系。笔者也加入这个行列，做了一点工作，在此呈现给读者匡正。

全书共分七章。其中，绪论部分介绍了现代房屋建造技术、建筑工业化、现代现浇、装配整体式混凝土结构、装配式钢结构建筑和装配式木结构等概念，提出现代建造＝70％的现代现浇＋30％的装配式施工的观点，提出现代房屋建造技术是传统建造—现代建造—智慧建造中承前启后的现代化技术。第一章为现代现浇混凝土结构施工技术，介绍经过工业化改进的混凝土结构现浇技术。第二章为装配式混凝土结构施工技术，厘清"等同现浇"的装配整体式混凝土结构工艺过程，提出装配式混凝土结构技术应用的瓶颈。第三章为装配式钢结构施工技术，厘清装配式钢结构建筑的结构体系，阐述现代钢结构的工艺过程，介绍钢结构外围护系统。第四章为现代木结构施工技术，提出现代木结构的定位，介绍现代木结构的工艺过程。第五章为装配式内填充体系，介绍笔者对整体厨房、整体卫浴、整体收纳等部品的思考，梳理架空地板与地暖、集成吊顶等集成技术。第六章为被动式超低能耗建筑建造技术，呈现笔者对被动房施工技术的思考。第七章为桩基础与深基坑支护技术，介绍了预应力混凝土空心管桩、泥浆护壁钻孔灌注桩相关内容，梳理了笔者对全套管全回转钻孔灌注桩、全套管搓管摇动钻孔灌注桩、各种咬合桩、锚杆支护、工具式内支撑支护、预制地下连续墙、预应力鱼腹梁、内插预制方桩复合支护等技术的探究和思考。

本书中笔者对现代房屋建造技术的思考和主要观点如下：

提出现代建造＝70％的现代现浇＋30％的装配式施工，认为装配式固然重要，但现代现浇也是向建筑现代化转型升级的更为紧迫的任务；

提出现代房屋建造技术是传统建造—现代建造—智慧建造中承前启后的现代化技术；

提出智慧建造的概念；

提出钢筋配送业务的理念；

提出 2005 年万科 2 号试验楼是我国现代装配式建筑的起源；

提出未来装配式混凝土结构技术的研发重点是提高预制构件的预制精度和提高结构整体性；

提出内浇外挂剪力墙结构称为装配式值得商榷；

提出叠合剪力墙的抗震性能及新旧混凝土结合面的连接性能还需进一步研究；

提出装配式混凝土结构技术的应用瓶颈；

提出外围护体系和内填充体系是装配式钢结构建筑的研发重点；

提出移动住宅将走进人们的生活，移动住宅是集装箱房间部品的升级；

认为外围护系统还处在"散装材料"阶段，离装配式部品部件还有一定的距离；

认为装配式木结构就是现代木结构，是用标准化工程木建造的结构；

认为现代木结构建筑是承载着文明诉求的现代房屋；

认为装配式的重要现代特征是内填充体系是工业化生产的部品化体系；

提出整体收纳采用"两条腿走路"，即批量生产、自助装配和预约定制、统一安装；

提出被动门是"多重门"，配备入门通道，多重门不能同时开启。

本书中介绍的大部分新技术、新工艺、新设备、新材料还未见诸公开资料，有些技术资料还没有进入交流、分享阶段，因此本书成书非常困难和艰辛，是笔者经过大量调研，观摩了多项工程建设项目，包括中国平安大厦的巨柱、上海中心大厦的顶升模架、北京大兴机场的钢结构、深圳证券交易所的叠合结构，参观了很多在建工程，参加了多场学术会议和培训，研读了大量文献资料，观看了海量视频资料，经过长时间思索，点滴积累而成的。

目前建筑行业的很多技术管理人员对新型的建造方式缺乏系统的了解，需要及时进行理念的更新、知识的急补、技术能力的提升；对于高校的学生来说则主要学习传统、常规技术，除此之外，在走向工作岗位前还需要补充现代建造技术的知识。因此，本书对于行业的技术管理人员和即将毕业的高校学生来说都是有益的参考。

由于笔者水平有限，书中不足之处在所难免，恳请读者批评指正，助本书在今后的修订中完善。

洪树生

2020 年 1 月 15 日

于 深圳职业技术学院

目　　录

绪　论

习近平总书记在中央城市工作会议上强调：规划要尊重城市发展规律，要科学规划城市空间布局，实现紧凑集约、高效绿色发展。2017 年 2 月 21 日，国务院办公厅印发了《关于促进建筑业持续健康发展的意见》（国办发〔2017〕19 号），提出要牢固树立和贯彻落实创新、协调、绿色、开放、共享的发展理念，坚持以推进供给侧结构性改革为主线，按照适用、经济、安全、绿色、美观的要求，进一步深化建筑业"放管服"改革，加快产业升级，促进建筑业持续健康发展，打造"中国建造"品牌。

传统的房屋建造，对于混凝土结构来说，是在建造地点由木工用木质模板按照施工图上各种构件的尺寸裁切、钉装出模具，由钢筋工加工、绑扎各种构件的配筋，由混凝土工将商品混凝土浇捣入模成型，经养护拆模后形成结构，再进行围护结构建造和装修等的过程，这种建造方式我们习惯称为现浇，即传统现浇，在建造地点现场浇筑。

众所周知，传统现浇的生产方式因历史和国情等原因有其发展的必要性和优点。但是以现场湿作业、劳动生产率低、质量问题较多、施工过程产生大量建筑垃圾、高消耗、高投入、低收益为特点的传统现浇生产方式在人口红利逐渐消失、环境资源严重透支、成本持续上升的今天，已经难以适应中央提出的绿色、环保发展的要求，建筑业迫切需要对传统建造方式进行现代化改造，并向智能化方向研发。现代房屋建造就是传统现浇向现代现浇和装配式施工转型升级的工业化建造方式。

所谓现代现浇，是对传统混凝土结构现浇方式的工业化改造，如应用新型模板与模架、钢筋集中加工配送、应用单机到顶的超高泵送混凝土技术、应用各类小型工具和新型机械设备等。

装配式建造是指用工厂生产的预制构件及部品部件在建造地点通过可靠连接装配而成的建造方式。2017 年 1 月 10 日，住房和城乡建设部发布第 1417 号、第 1418 号、第 1419 号公告，分别发布了国家标准《装配式木结构建筑技术标准》（GB/T 51233—2016）、《装配式钢结构建筑技术标准》（GB/T 51232—2016）、《装配式混凝土建筑技术标准》（GB/T 51231—2016），三部标准的实施日期都是 2017 年 6 月 1 日。因此，目前的装配式建筑主要指装配式混凝土建筑、装配式钢结构建筑和装配式木结构建筑。

装配式混凝土建筑是指混凝土建筑的结构系统、外围护系统、内填充系统的主要部分采用预制部件部品集成装配建造的建筑。其中，结构系统是指将部件通过各种可靠的连接方式装配而成，用来承受各种荷载或作用的空间受力体，称为装配式混凝土结构。装配式混凝土结构包括全装配混凝土结构和装配整体式混凝土结构。全部部件部品都是由工厂预制的混凝土构件，在现场通过可靠的连接方式进行连接的结构称为全装配混凝土结构；由预制混凝土构件、部件部品通过可靠的连接方式进行连接，并与现场后浇混凝土、水泥基灌浆料形成整体的装配式混凝土结构称为装配整体式结构。目前由于还没有全装配混凝土结构的国家规范，基于"等同现浇"的需要，装配式混凝土结构都采用装配整体式混凝土结构。

钢结构本身就是装配式的，但钢结构不等于装配式钢结构建筑。所谓装配式钢结构建筑，是指钢结构建筑的结构系统、外围护系统、内填充系统的主要部分采用预制部件部品集成装配建造的建筑，也就是说，除了钢结构是装配式的，外围护系统、内填充系统也都是装配式的，并且施工现场无焊接、无湿作业、无建筑垃圾。

装配式木结构建筑或者说现代木结构是指采用标准化的工程木预制结构组件，采用机械连接装配木组件，运用现代技术进行防火、防潮、防虫处理后所建造的建筑。装配式木结构包括装配式纯木结构和装配式混合木结构等。装配式纯木结构是指所有组件都采用工程木的结构类型，装配式混合木结构是指装配式木结构与钢结构、钢筋混凝土结构或砌体结构组合而成的结构。

2016年3月，李克强总理在政府工作报告中提出力争用10年左右的时间使装配式建筑占新建建筑的比例达到30％，也就是说，要逐步提高工业化建筑的比例，引领建筑业向现代化转型升级。从另一方面可以理解为，现代房屋的建造改革目标包括70％的现代现浇和30％的装配式施工。因此可以说，装配式固然重要，但现代现浇也是向建筑现代化转型升级的更为紧迫的任务。

住房和城乡建设部强调了发展装配式建筑的重大意义：一是贯彻绿色发展理念的需要；二是实现建筑现代化的需要；三是保证工程质量的需要；四是缩短建设周期的需要；五是可以催生新的产业和相关的服务业。

现代房屋建造技术注重内涵式发展，智能化、工业化、节能型、集成性技术的应用将大幅提升现代房屋的建造和管理水平。内填充系统的部品化，节能技术如干式地暖技术、内保温技术及被动式超低能耗技术，环保技术如烟气直排技术，集成技术如同层排水技术、集中管井技术、带状电线技术等，这些先进技术的应用将不断提高建造水平、提升居住品质，使建筑业现代化稳步可持续发展。

随着科学技术日新月异的发展，建筑业研发应用人工智能和5G技术已经展开，未来全自动智慧建造机的问世将引领建筑业进入智慧建造时代。

从传统建造到现代建造再到智慧建造，现代房屋建造技术应该是其中承前启后的现代化建造技术。

第1章

现代现浇混凝土结构施工技术

现浇即施工现场就地浇筑混凝土。传统的现浇混凝土结构的施工过程是：支装模板→绑扎钢筋（有的构件在支模前绑扎）→浇筑混凝土→养护→拆模→砌筑围护墙和内隔墙。现代现浇技术是传统现浇技术的产业升级，是对传统现浇技术的工业化改造。建筑工业化并非只包含装配式建筑。如果未来装配式建筑占30%，则70%的建筑仍然是现浇施工的建筑。如果30%的装配式建筑实现了工业化，而70%的建筑仍是传统的现浇建筑，不能说建筑业实现了工业化。只有将70%的传统现浇改造成现代现浇，才算完成了建筑业的工业化转型升级，这是建筑业面临的比实现装配式施工更为紧迫的任务。

参照2017年版的《建筑业十大新技术》，我们可以试着给传统现浇的工业化改造作一个实施方案：使用绿色环保高效的模板系统及新型模架系统，采用建筑用成型钢筋制品，应用超高泵送混凝土技术，大量研发使用小型设备和手持工具。

绿色环保高效的模板有铝合金模板和塑料模板，新型模架系统有新型的爬模架体和整体顶升模架。建筑用成型钢筋制品是专业的钢筋加工厂采用成套高效自动化钢筋加工设备和信息化生产管理系统进行产业化加工的产品，将加工成型的钢筋网片、钢筋笼等钢筋制品由物流配送到施工现场，取代传统施工现场手工用简单加工设备加工的钢筋制品，承建商只需在成品钢筋配送平台上选购本工程所需的钢筋制品，就能得到各种构件的成型配筋，在施工现场直接进行钢筋的绑扎安装即可。超高泵送混凝土技术是指"一泵到顶"的超高混凝土泵送技术。小型设备与手持工具是新研发出来的用于现浇作业过程中减轻工人操作强度、提高生产效率、提高质量保障的手持器具。

1.1 组合铝合金模板施工技术

组合铝合金模板是铝合金制作的建筑模板，简称铝模，由铝面板、早拆装置、支撑及配件组成，单块模板重量不超过25kg，完全由人工进行传递运输，不需要使用塔吊向上递送；其拼装工艺简单，普通工人只需稍作培训即可上岗作业。它是能组合拼装成不同尺寸构件的现浇模板，是现代现浇施工的主要建筑模板，也是一个可进行产业化生产和施工的模板体系。

使用铝合金模板，成型的混凝土轴线位置准确，截面尺寸精准，表面平整光滑，无需进行抹灰。

目前市场上铝合金模板的种类、规格很多，从提高工程质量、节约费用的角度出发，给出如下选用铝合金模板的建议：

1）选用一次性挤压成型的整体式铝合金模板系统，模板厚度最薄处至少为 4mm。

2）钢撑、销钉、销片、背楞等钢配件选用 Q235 材质，表面进行热镀锌处理。

3）尽量选用 400U 或 450U 的标准模板。

4）选用应用了早拆模板技术的模板系统。

5）选用表面进行了金属粉喷涂处理的铝模板。

6）脱模剂选用以水为介质的乳油性脱模剂。

1.1.1　铝合金模板系统的构成

铝合金模板系统是在工程施工前，将建筑工程需要使用的模板规格化、标准化及定型化后设计出模板系统的工作图，由专业厂家依照工作图采用铝合金材料经过生产后送到施工现场，现场作业人员组装成模的整套系统，包括模板系统、支撑系统、紧固系统和附件系统四部分。

（1）模板系统

模板系统是构成混凝土料浇筑构件时所需封闭空间的模具的组合，保证混凝土料浇筑时构件的成型。模板系统包括墙板、楼面板、阳角模、阴角模、墙内外拐角、墙接高板、K 板、梁面板、梁侧板、C 槽、中间梁板、楼梯墙板、楼梯狗牙、传递槽铁盒等。

（2）支撑系统

支撑系统在混凝土浇筑过程中起支撑作用，保证楼面、梁底及悬挑结构的支撑稳固。支撑系统包括支撑托头、龙骨、流星锤、单支顶等。

（3）紧固系统

紧固系统可保证模板成型的构件的宽度尺寸，在浇筑混凝土过程中不产生变形，模板不出现胀模、爆模现象。紧固系统包括背楞、穿墙螺栓、K 板螺栓、斜撑等。

（4）附件系统

附件系统主要有锁模栓（销钉＋销片，如图 1-1 所示）等。这些连接件使单件模板连接成一个系统，组成整体。

图 1-2 所示为铝合金柱模板。

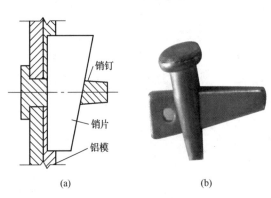

（a）　　　　　　　（b）

图 1-1　铝模连接锁模栓　　　　　图 1-2　铝合金柱模板

1.1.2　各种构件铝合金模板的构成

（1）方柱

由墙板、阳角模、锁模栓、背楞、对拉螺栓、斜撑构成，阳角模用在阳角，连接两个垂直方向的墙板（图1-2）。

（2）剪力墙

由墙板、阳角模、C槽、墙内外拐角、墙接高板、K板、锁模栓、背楞、穿墙螺栓、斜撑构成。C槽是连接垂直的墙板和楼面板的阴角模；墙接高板是非标准层高使用标准墙板的补充板；K板是边梁的侧板，是"更上一层楼"的起步板（图1-3）。

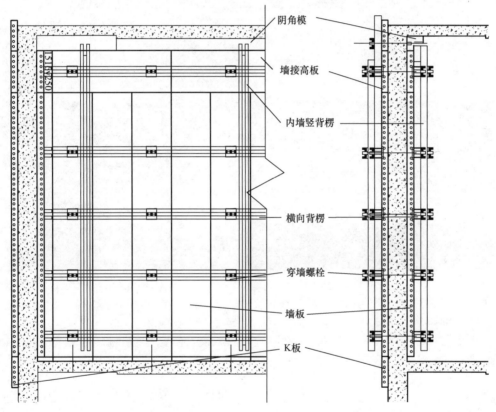

图1-3　内外墙模的组成

（3）梁

由梁面（底）板、梁侧板、梁底早拆头、C槽（用于侧模与楼板的连接及梁底模与柱墙面板的连接）、背楞、对拉螺栓、锁模栓、可调钢支撑构成（图1-4、图1-5）。

（4）门窗洞口与飘板

门洞口由两边墙板作为墙端板、2块C槽连接门顶梁底模、支撑托头配以锁模栓、单支顶构成（图1-6）；窗洞口由上下端的梁面板、左右端墙端板的墙板、4块C槽、支撑托头配上锁模栓、可调钢支撑构成；飘板由楼面板、C槽、墙接高板、锁模栓、流星锤、可调钢支撑构成（图1-7）。

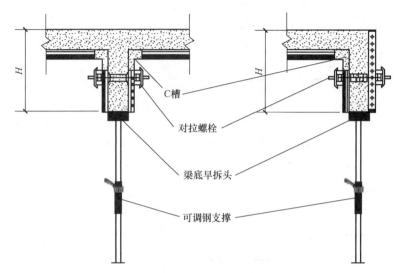

图1-4　梁模的组成

图1-5　铝合金梁模

图1-6　铝合金门洞模板

（5）楼面

由楼面板、C槽、中间梁板、早拆头、锁模栓、龙骨、流星锤、可调钢支撑构成（图1-8）。

图1-7　铝合金飘板模板

图1-8　铝合金楼面模板

（6）楼梯

由楼面板、楼梯墙板、楼梯狗牙、梁侧板、梁面板、锁模栓、龙骨、流星锤、可调钢支撑构成（图1-9）。

图1-9　铝合金楼梯模板

1.1.3　铝合金模板系统对设计的要求

铝合金模板一次性投入巨大，其成本优势主要来自周转使用。一套铝合金模板在规范施工条件下可周转使用300次以上，周转次数越多，成本优势体现得越明显。这就需要在结构设计阶段提前考虑，需要对结构设计提出满足使用铝合金模板的要求。铝模对结构设计的要求建议如下。

（1）标准化设计，设计变更尽量少

铝合金模板单次投入成本高，为了摊销成本，必须提高铝合金模板的周转次数，减少返厂率。这就要求设计标准化，对尽量多的楼栋采用标准化设计，为铝合金模板的周转使用创造条件。施工图纸要消灭错、漏、碰、缺等问题，后期不能有过大的设计变更。

（2）标准层尽量多

尽量每一层的结构都相同，为铝合金模的重复使用创造可能。

（3）统一模数

结构截面尺寸以50mm为模数，墙、柱截面宽度与梁相同。

（4）需明确的事项

需要明确以下事项：门洞过梁是否一次浇筑，外立面突出线条是否一次浇筑，小于等于100mm的门垛是否一次浇筑，阳台反坎是否一次浇筑，窗台板是否一次浇筑，保温热桥如何处理，剪力墙与砖墙预留挂网抹灰的宽度、厚度及搭接方式，砌块定制尺寸，是否需要考虑冬季施工，混凝土布料机位置及支撑系统。

（5）进行铝合金模板的深化设计

需要向厂家提供建筑、结构、机电、精装修施工图，提供外脚手架搭设方案，提供测量放线方案，提供混凝土泵输送管平面布置图等。

1.1.4 铝合金模板深化设计过程

铝合金模板专业厂家供货前要针对具体工程进行深化设计，设计过程一般如下：

1）向承建商索取具体工程的完整施工图电子版，包括建筑、结构、水、电、风各个专业全套施工图，以及建筑、结构总说明。

2）审阅图纸，发函向承建商提出图纸疑问，并提出铝合金模板深化设计的优化建议。

3）组织多方进行会审，答疑，讨论设计优化建议，形成会议纪要。

4）进行各种构件的配模设计、非标准构件的详图设计，选配加固和支撑系统，形成深化设计图纸，交由各方审核、定稿。

5）下料生产。

1.1.5 铝合金模板深化设计的优化建议

1）标准层内的墙、柱、梁、外围节点的截面、定位和楼板的厚度及卫生间等降板范围、楼板开洞尺寸等尽量一致。

2）墙、柱、梁随层高不同截面有变化时，建议将变化次数控制在三次以内，且尽量使所有竖向构件于同一层内变化，以便使同一楼层内铝合金模板一致。

3）建筑复杂线脚、异形节点尽量优化。

4）卫生间、厨房、阳台等降板尺寸尽量按50倍数沉降。沉降10mm、20mm等小尺寸时采用吊模成型的方法效果不理想。

5）建筑立面尽量避免变化多，避免复杂的造型或线脚。

1.1.6 铝合金模板的工厂试拼装和验收

铝合金模板深化设计生产完成后要在工厂进行试拼装，试拼装一般需要7～15天。承建商、监理、业主要对试拼装的铝合金模板进行联合验收，发现问题在工厂进行整改落实。验收的内容建议如下：

1）核查是否与建筑、结构、机电等施工图纸和铝合金模板深化设计图吻合，尤其要注意一些细部节点。

图1-10 铝合金模板的编号

2）核查轴距、截面尺寸、平整度、垂直度、拼缝高低差是否符合最新规范要求。

3）核查测量放线孔、混凝土泵管孔、铝合金模板传递孔位置是否正确与合理。

4）核查铝合金模板是否进行了系统性编号（图1-10），是否便于工人识别，是否可追溯。每块铝合金模板都要按照方便施工、识别的原则进行编号。

5）核查铝合金模板的紧固体系、支撑体系设置是否合理。

6）核查背楞的尺寸、排数、斜撑的设置是否合理，是否与合同、深化设计图纸一致。

1.1.7 铝合金模板安装工艺流程

(1) 工艺流程

找平→测量放线→安装墙柱钢筋（墙柱水电施工）→预埋线管、线盒→设置定位筋→安装墙柱铝模→对拉螺杆紧固→安装调整斜撑→检验校正→安装梁铝模→安装楼板铝模→安装梁板钢筋（梁板水电安装）→收尾加固检查→混凝土浇筑。

(2) 铝合金模板进场、卸货、材料验收

铝合金模板在工厂完成试拼装、验收合格、系统性编号后打包装车运至施工现场。运载铝合金模板的车辆进场以后卸在按吊装顺序摆放的指定区域，由现场代表根据装车清单进行验收。

(3) 现场准备工作

按照施工图纸测量画线，然后按照画好的柱墙定位线安装柱、剪力墙钢筋，安装柱、墙里的预埋管线。

(4) 安装准备

下层拆除的模板经传递槽（图1-11）人工传到上层，不占用塔吊。安装模板前必须在模板上涂刷一层专用隔离膜，以使混凝土与模板有效隔离。

(5) 安装柱模板

按照编号依次拼装四面墙板，立起四面墙板

图1-11 铝合金模板的传递槽

和四周阳角模，用锁模栓连接，用背楞、对拉螺栓按要求的间距紧固，调整垂直度，用斜撑固定。拼缝必须紧密严实，销钉须打紧拧紧。

(6) 安装墙模板

按照编号依次拼装两侧墙板，从墙体的内侧、阴角开始，向两边立起墙板、阴角模，用锁模栓连接。内侧模板完成后，从阳角开始向两边用阳角模、墙板、穿对拉螺栓用的PVC套管、底角、锁模栓完成外侧墙模板的安装，然后安装对拉螺栓及背楞，调整垂直度后用斜撑固定，安装外拐角、外墙接高板。拼缝必须紧密严实，销钉须打紧拧紧。

(7) 安装梁模板

架立可调钢支撑，套上梁底早拆头，调节早拆头高度并保证所有早拆头在同一水平面；在柱、墙面板的梁端位安装C槽，用梁面板安装梁底模，用锁模栓连接；安装梁侧板，用锁模栓连接。与胶合板模板不同的是，梁侧模板架设在梁底模上，对于深梁还要用背楞、穿墙螺栓加以固定。

（8）安装门窗洞口及飘板模板

按照洞口下方梁面板→洞口C槽→墙端面板→洞口C槽→洞口上方梁面模板→洞口支撑（支撑托头＋单支顶）的顺序安装门窗洞口模板。飘板安装先立可调钢支撑，套上流星锤并调整，在墙板上安装C槽，用楼面板安装飘板面板，最后安装墙接高板。

（9）安装楼面模板

一边按照编号拼装楼面模板，一边在梁侧板上方安装板底阴角C槽、内墙拐角、内墙接高板，然后架立可调钢支撑，套上早拆头，调节早拆头高度并保证所有托头在同一水平面，用中间梁板与早拆头连接，中间梁板的两端用C槽与梁或墙板连接。为了保证早拆楼面模板的效果，中间梁的间距不能大于2m。从板角开始铺设楼面板，楼面板一边与C槽连接，另一边与中间梁连接，用销钉固定，确保拼缝密实。每一层楼板要安装若干传递槽模板。楼面模板安装完成后，绑扎钢筋前，在模板表面涂上脱模剂。

（10）安装楼梯模板

安装休息平台模板，安装休息平台下方的楼梯墙板、楼梯墙板C槽、平台C槽，安装休息平台下方的楼梯斜面楼面板及下方支撑，安装楼梯狗牙，用梁侧板安装梯级侧模，用楼面板安装梯级面板，安装转角槽，安装休息平台上方墙模板、楼梯墙板C槽、楼面C槽，安装休息平台上方楼梯斜面楼面板及下方支撑，安装楼梯狗牙，用梁侧板安装梯级侧模，用楼面板安装梯级面板。

（11）复核平整度、垂直度

采用激光扫平仪对楼板平整度、墙柱模板平整度及垂直度进行复核，将实测数据标注在模板或钢管上，最后对整个模板系统进行验收。

（12）铺设钢筋

验收合格后进行梁板钢筋的绑扎及水电管线的预埋。水电管线预埋通过控制线精确定位，用电钻钻孔后用胶塞螺钉固定，底盒用胶带纸封闭。隐蔽验收合格后才能浇筑混凝土。

（13）浇筑混凝土

整个模板系统安装完毕后经验收合格，按浇筑方案确定的浇筑顺序浇筑柱、墙、梁和楼板等所有部位的混凝土。

（14）浇筑期间维护

混凝土浇筑期间随时检查正在浇筑的墙两边销钉、弧形销片及对拉螺栓的连接情况，注意由于振动引起的销钉、弧形销片脱落，以及由于振动引起的横梁、平模支撑头相邻区域的下降滑移，及时采取措施予以修补，保证全部的支撑完好，并检查窗口开口处等位置混凝土有无溢出。

1.1.8 铝合金模板施工控制

（1）墙线控制线的测设

墙线墨线需超出剪力墙墙边100mm以上，以便于模板安装后调整位置。控制线允许偏差不超过 3mm，如图 1-12 所示。

（2）墙柱定位钢筋的安装

在楼面混凝土浇筑完成、可以上人后，在高出楼面 50～100mm 墙柱钢筋处焊接墙柱厚度定位钢筋，防止墙柱铝模在加固时跑位。定位钢筋长度根据墙柱厚度确定，定位钢筋横向间距为 800mm，其焊接按照弹出的墙线确定。钢筋与墙线控制线偏差应小于3mm，以保证模板安装时剪力墙下部的墙体厚度，如图 1-13 所示。

图 1-12 墙线控制线的测设

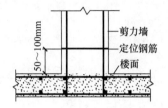

图 1-13 定位钢筋示意图

（3）设置楼板厚度控制线

首先要在墙柱上低于楼面标高 5mm 处焊接板厚控制钢筋，板厚控制钢筋横向距离不超过 800mm；然后在板厚控制钢筋上拉 $\phi3$ 铁线，作为混凝土楼面浇筑时控制板厚的参照。浇筑混凝土以覆盖铁线为准，楼面厚度误差控制在 -5mm 内，如图 1-14 所示。

（4）K 板安装

所有外墙和电梯井有承接部位的接高板都需要配置 K 板（承接板），K 板上的开孔穿入预埋于混凝土中的锥形螺栓进行固定。K 板是安装上层接高模板时的支撑和定位，其长度与外墙长度一致。拆除下层模板时不用拆除 K 板，如图 1-15 所示。

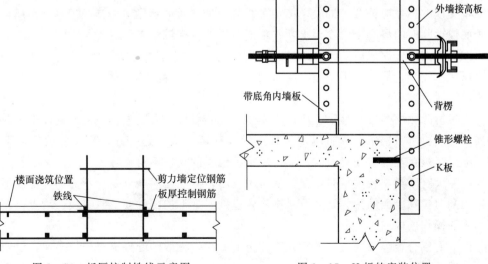

图 1-14 板厚控制铁线示意图

图 1-15 K 板的安装位置

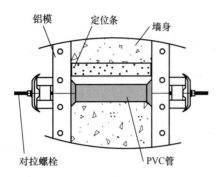

图 1-16 墙体厚度控制方法示意图

（5）墙体厚度控制

在墙体模板两块侧模之间的对拉螺栓上安装定位条，定位条可以用混凝土或钢筋制成，以准确控制墙体的厚度，如图 1-16 所示。

（6）墙体垂直度控制

为了准确、方便地调整墙体垂直度，在墙体模板上安装斜撑及钢丝绳，外墙在墙的内侧安装，内墙在墙的两侧对称安装。斜撑支点预埋件离墙不小于 1000mm。若同侧安装两肢以上的斜撑，则斜撑间距要求不大于 2500mm。楼面板浇筑混凝土时必须预埋斜撑支点预埋件。

1.1.9 铝合金模板拆模工艺流程

（1）拆除墙柱侧模

浇筑完成后，当混凝土强度达到 1.2MPa（一般 12h 后）即可拆除侧模，拆除流程是：拆除对拉螺杆→拆除斜撑→拆除模板→模板清理→搬运模板→堆放备用。先拆除斜撑，后松动、拆除对拉螺栓，拆除对拉螺栓时用扳手松动螺母，取下蝴蝶扣，除去背楞，轻击螺栓一端，至螺栓退出混凝土，最后拆除锁销和锁片，用撬棍撬动模板下口，使模板和墙体脱离。

（2）拆除底模

按照铝合金模板的早拆体系，当混凝土浇筑完成后强度达到设计强度的 50% 后方可拆除底模。底模拆除先从梁、板支撑连接的位置开始，拆除梁、板模板的支撑杆锁销和与其相连的快拆连接锁条，紧跟着拆除与其相邻梁、板的锁销和锁片，然后拆除铝模板。拆除底模时确保单支顶与早拆头保持原样，不得松动。

（3）拆除单支顶

单支顶的拆除应符合《混凝土结构工程施工质量验收规范》（GB 50204—2015）中关于底模拆除时的混凝土强度要求，并根据留置的拆模试块来确定拆除时间。一般情况下，在浇筑混凝土完成后 10 天可以拆除梁、板模板的底支撑。拆除每个支撑杆时用一只手抓住单支顶，另一只手用锤敲反向调节支点，即可拆除单支顶。

（4）注意事项

模板拆除顺序与安装顺序相反，应遵循"先装后拆、后装先拆"的原则，先拆非承重模板，后拆承重模板；先拆纵墙模板，后拆横墙模板；先拆外墙模板，后拆内墙模板。上层楼板正在浇筑混凝土时，下一层楼板模板的支柱不得拆除。

拆除大跨度梁、板模板时，要先从跨中开始，分别向两端拆。拆下的铝合金模板应立即用刮刀铲除上面的污物，并及时刷涂脱模剂。拆下的配件要及时清理、清点，转移至相应的操作层内。

拆下的铝合金模板通过传递槽人工传至上一层，零散的配件通过楼梯搬运，以便上一层楼的支模。

1.1.10　应用铝合金模板对相关工种的要求

1. 钢筋工

钢筋工必须在放线后两次绑扎钢筋，先绑扎柱、剪力墙及深梁的钢筋，待楼面铝模安装完成后再绑扎楼面、楼面梁及其他平板钢筋。所有钢筋与铝模板之间均需要满足设计规定的混凝土保护层厚度。钢筋在铝模板面上要分散堆放，防止因重量集中使模板变形。高深梁施工时，应先支梁底板，待钢筋绑扎完成后再安装侧板模。梁板绑扎钢筋时不得随意撬动或拆除模板，如有需要应与铝模相关负责人沟通处理。

2. 水电工

在墙身及柱的钢筋绑扎完成后，水电工需要在墙身及柱的钢筋上预埋水电线管道及插座盒，固定方法都是用钢丝绑扎在主筋上。水电线管在通过梁时需要在梁的底部开好孔，孔的大小比实际水电线管的直径大 2mm，方便水电线管通过。线管超过铝模板的长度不能太长，以 100mm 为最好。楼面上线盒的固定以钻孔铁丝绑扎为准，先在楼面铝模板上开两个直径为 4mm 的对角孔，再用细铁丝固定。

3. 混凝土工

在铝合金模板安装完成后，浇筑混凝土前需要做好以下几个方面的检查，确保墙模板按照放样安装，偏差在控制范围内：①所有模板已清洁且涂有合格的脱模剂；②保证楼面板底和梁底板支撑杆垂直，且支撑杆没有垂直方向的松动；③检查墙模板和柱模板的背楞与斜撑安装是否正确、牢固；④检查对拉螺杆、销子、楔子是否保持原位且牢固。混凝土浇筑期间，至少要有两名操作工随时在正在浇筑的墙两边检查销子、楔子及对拉螺栓的连接情况。销子、楔子或对拉螺栓滑落会导致模板的移位和模板的损坏，受到这些影响的区域需要在拆除模板后修补。浇筑混凝土过程中，守模工人需用高压水枪冲洗模板背面的渗浆（混凝土初凝后，每个房间逐间清洗）。浇筑混凝土时，为保证支撑系统受力均匀，采取先浇筑中部、逐渐向四周发散的浇筑方式，以保证整个支撑体系受荷居中、均匀。所有柱及剪力墙需分 2～3 次从下至上分层浇筑混凝土，并保证振捣均匀，浇筑连续进行，防止混凝土出现"冷缝"现象。楼梯位需分三次浇筑，每次浇筑时必须打开踏步板上的透气口，以防止气泡和蜂窝产生。混凝土泵管不能和铝模硬性接触，在工作面以下的两层固定泵管，在楼面上的泵管需要用胶垫防振。浇筑楼面混凝土时要严格控制墙柱四周的标高和平整度。

1.2　新型爬模架体

液压爬升模板（以下简称爬模）是把爬模装置通过承载体附着或支承在混凝土结构上，当新浇筑的混凝土脱模后，以液压油缸或液压升降千斤顶为动力，以导轨或支承杆为爬升轨道，使爬模装置向上爬升一层，反复循环作业的施工工艺。目前，爬模的动力设备有两种，一种是油缸，另一种是千斤顶。两种动力设备所对应的爬升原理和爬升装置有所不同，比较先进的是以液压油缸为动力的爬模。新型爬模架体是一种以自带液压系统作为动力的自爬模。

1.2.1 新型爬模架体的构造

新型爬模架体由模板系统、架体系统、液压系统及埋件系统等部分组成，其构造如图1-17所示。

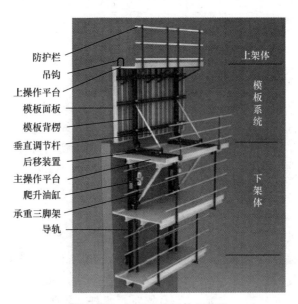

图1-17 新型爬模架体的构造

（1）模板系统

模板系统包括模板面板、模板背楞、垂直调节杆、后移装置和吊钩。模板面板固定在模板背楞上；垂直调节杆支撑在模板与后移装置之间，一端与模板背楞铰接，另一端与后移装置铰接；后移装置是液压驱动用于模板的后移开模；吊钩固定在模板面板的上侧面上。

模板系统位于上下架体之间，一般采用钢木组合模板。

（2）架体系统

架体系统包括上架体、下架体及导轨。上架体安装在模板系统的顶部，随模板系统的后移而移动，上架体的顶部设置有操作平台，操作平台上安装有防护栏；下架体包括承重脚架及主操作平台，下架体通过埋件系统与墙体连接，主操作平台安装于承重三脚架的顶部，后移装置安放在主操作平台的滑槽内；导轨安装于下架体上，通过埋件系统与墙体连接。

（3）液压系统

新型爬模架体的液压系统是自带的，包括换向盒及爬升油缸，每个爬升油缸配置有两个换向盒，一个控制向上，另一个控制向下，通过爬升油缸对导轨和爬架交替顶升，实现整体和导轨的爬升。导轨和爬模架都支撑在埋件系统的支座上，两者互不关联，但可互爬。

（4）埋件系统

埋件系统包括埋件板、高强螺栓、爬锥、受力螺栓、导轨固定插销、导轨尾撑、下架体承重销、下架体安全销、下架体附墙撑和埋件支座等（图1-18）。埋件支座通过穿墙的高强螺栓等固定在墙体

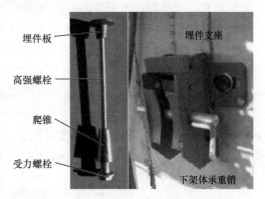

图1-18 埋件系统

上，导轨和下架体分别用导轨固定插销和下架体承重销支撑在埋件支座上，各自固定、各自独立。

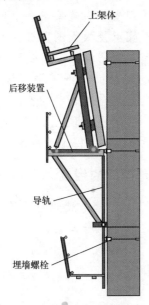

图1-19 新型爬模架体

1.2.2 新型爬模架体新在哪里

简单地说，新型爬模架体新在上架体（图1-19）。由于上架体的存在，剪力墙上一施工段的钢筋绑扎可以在下一施工段混凝土终凝后开始，操作人员站在上操作平台上进行钢筋绑扎。而传统的爬模中剪力墙上一施工段的钢筋绑扎需要在下一施工段混凝土养护到脱膜强度后开模、上移后才能进行，下一施工段混凝土终凝后达到脱膜强度的这段养护时间不能施工，相当于窝工。显然，传统爬模的施工效率远不如新型爬模架体。

另外，新型爬模架体在施工过程中无需其他起重设备，操作方便，爬升速度快，安全系数高，既可直爬也可斜爬。

1.2.3 新型爬模架体的爬升过程

新型爬模架体的爬升通过爬升油缸使导轨和下架体交替爬升来实现，导轨和下架体是两个独立系统，二者之间可进行相对运动。

其爬升步骤如下：

1）混凝土浇筑完成后，拆除安装螺栓，调整斜撑，使模板后仰，拔出齿轮销，通过后移装置带动模板后移，后移到位后插入齿轮销定位，在刚拆模的剪力墙上、合模前预埋的高强螺栓上安装埋件挂座。

2）爬升导轨。导轨尾撑松开，操作换向盒来顶升导轨，在液压系统动力作用下导轨开始爬升。导轨依附下架体（下架体此时支撑在埋件支座上）向上爬升，单次爬升一

个梯档间距。当导轨爬升到位后，挂在上部的埋件挂座上，操作人员立即转到下架体最下端的平台固定导轨尾撑，导轨爬升过程完成，拆除下部的埋件挂座周转使用。

3）爬升架体。松开附墙撑，爬升前先拔出安全销，待架体开始爬升后再拔出承重销，在液压系统动力作用下，架体沿着导轨一步一步向上爬升（此时导轨固定不动）。爬升一个梯档后，插入承重销，把架体挂在承重销上，插入安全销，固定附墙撑，架体爬升过程完成。

4）合模。先通过调整斜撑把模板调直，再调整后移装置合模，紧固模板，以确保模板与已浇筑完成的墙身贴紧，合模过程完成，进入下一循环的混凝土浇筑。

1.3 整体顶升模架

现代房屋建造中现浇的核心筒施工，模板及脚手架施工技术是关键技术，现在及过去一段时间用得比较多的先进技术是爬模及爬架，而无论是爬模或者爬架，一个现实问题是架体上都不能承受太大的荷载，不能堆放钢筋、设备等，钢筋绑扎工序受到钢筋一次吊运堆放量的限制而降低了施工效率。国内一些建筑施工企业自主研发的整体顶升模架（图1-20）很好地解决了这个问题，已经在很多超高层建筑中取得施工经验。

1.3.1 整体顶升模架的组成

整体顶升模架是将爬模、爬架通过钢平台集合成一个整体的智能顶升模架，由平台系统、支撑及顶升系统、挂架系统和模板系统组成，如图1-21所示。

图1-20 现浇的核心筒应用整体顶升模架

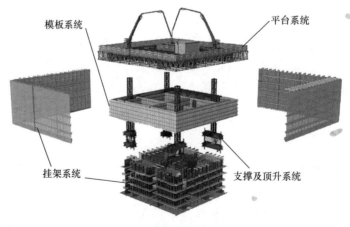

图1-21 整体顶升模架的组成

1. 平台系统

平台系统由贝雷片拼装而成的主次桁架及平台板构成（图1-22）。贝雷片通过销轴拼装成纵横相连的方形框架平台结构，平台结构的顶部设置顶部钢平台，底部下吊中部钢平台，顶部钢平台提供钢筋等临时堆场，同时设置布料机、备料平台及卫生间等设施，中部钢平台提供中央控制室、配料房、物料堆场、配电房及工人临时休息场所等。

2. 支撑及顶升系统

支撑及顶升系统由顶升立柱、顶升油缸、支撑小油缸、上支撑箱梁、下支撑箱梁、防坠系统和控制系统组成。顶升立柱与顶升油缸通过法兰连接，顶升时通过立柱将顶升力传递至贝雷桁架平台系统，实现平台的顶升；支撑小油缸用于控制箱梁的支腿动作，上、下支撑箱梁通过支撑牛腿固定在核心筒墙体上，实现系统的整体支撑；防坠系统通过棘爪卡在槽中，在意外溜杆时可制止整体下坠；控制系统通过支腿上的摄像头及位移、压力等传感器控制顶升模架同步顶升的精度，并通过中央控制室的显示屏实现顶升模架施工过程的可视化监测及检测。

3. 挂架系统

挂架系统主要由上端滑轮结构、标准挂架单元和模板系统等组成（图1-23）。上端滑轮结构用于核心筒外墙内收时使挂架随着向内侧移动。标准挂架单元由核心筒外七层外挂架和筒内六层内挂架组成，可提供三个工作层施工的工作面，三个工作层分别是已浇筑混凝土层 $N-1$ 层的装饰、待浇筑混凝土层 N 层的模板安装和退模板、待浇筑混凝土层 $N+1$ 层的钢筋绑扎。

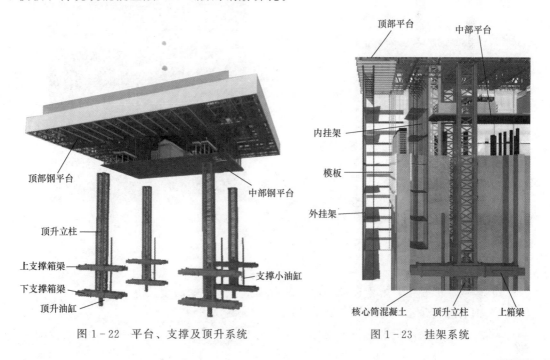

图1-22 平台、支撑及顶升系统　　　　图1-23 挂架系统

4．模板系统

模板系统的模板可采用铝合金模板拼装，也可采用钢框胶合板模板拼装。模板悬挂在模板轨道梁上，混凝土浇筑完成后，通过轨道梁上的滑轮将模板与混凝土脱开。钢筋绑扎完成后通过液压油缸同步顶推模架体系整体上升，一次顶升一个结构层，调整模板，封模固定后进行混凝土浇筑，施工速度可达 5～6 天/层。

1.3.2 整体顶升模架顶升原理和过程

1．工作原理

1）顶升准备阶段。混凝土浇筑完成后退模，清理顶层重量及平台杂物。

2）顶升动作。上支撑箱梁牛腿收回，顶升油缸顶升一个施工层高，到达预留洞口时控制上支撑牛腿伸出，上支撑箱梁支撑到位，下支撑箱梁支撑牛腿缩回，顶升油缸上提缩回，到达预留洞口时控制下支撑牛腿伸出，下支撑箱梁支撑到位，至此完成模架的顶升过程。图 1-24 和图 1-25 所示为整体顶升模架顶升示意图和顶升现场。

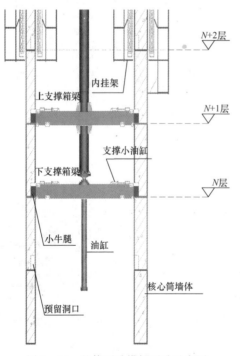

图 1-24　整体顶升模架顶升示意图　　　　图 1-25　整体顶升模架顶升现场

2．顶升流程

1）浇筑完混凝土，模板退离墙面，刷脱模剂，竖向钢筋接长等。

2）钢筋绑扎，预埋件埋设，隐蔽验收等。

3）挂架上脚踏翻板翻起，上支撑小牛腿回收，顶升立柱，进而带动整个模架体系一起上升。

4）上支撑箱梁顶升到位，小牛腿伸出固定，顶升高度为一个施工层高度。

5）上支撑箱梁固定后，将下支撑箱梁的牛腿回收，开始提升下支撑箱梁。

6）下支撑箱梁顶升到位，小牛腿伸出固定，提升高度为一个施工层高度。

7）挂架上脚踏翻板翻下，合模，开始浇筑混凝土。

8）拆模，一个施工层完成，进入下一施工层施工。

1.3.3　整体顶升模架施工主要工序

（1）钢筋吊运

核心筒墙体钢筋分次吊运到顶部平台钢筋堆放点，每次吊运量不能超过控制的荷载值。钢筋吊运必须在最上层混凝土浇筑完成后进行，混凝土浇筑时就要提前做好钢筋吊运工作，以保证钢筋绑扎工序的正常施工。

（2）墙体竖向钢筋的绑扎

每个工作点需要两个人协同完成，一人负责绑扎，另一人负责扶直钢筋及到顶部平台上的钢筋堆放点将钢筋搬运至绑扎点。

（3）安装墙体上预留洞口的模板

预留洞口模板的安装与钢筋绑扎工序穿插进行，要注意洞口位置定位准确。

（4）松开模板

混凝土浇筑完成，待终凝后，松开模板的对拉螺栓，使用脱模器将模板松开，松开顺序与安装顺序相反。终凝时间为 0.5~2 天，标准温度 20℃时需要 1 天，炎热天气可能只需半天，阴冷天气则可能需要 2 天，具体按现场实际情况确定。

（5）退模

将模板轨道梁上吊杆的吊钩勾到每块模板上方的吊环上，检查是否牢固，挂架上脚踏翻板翻起，按照松模顺序将模板沿导轨退离墙面 500mm。

（6）模板清理及维护

工人站在挂架的上一步架脚踏板与下一步架脚踏板上用专用工具清理模板，对变形、损坏的地方进行维护。

（7）上一施工层模板测量放线

在刚脱模的混凝土面上对上一施工层的模板进行测量放线，并对预留洞口进行清理和抄平。

（8）顶升准备

检查油缸油路和连接节点是否变形、螺栓是否紧固、顶升油缸和顶升立柱是否垂直，检查平台节点的连接情况、受力桁架的变形情况，检查模板是否与吊杆连接紧固，检查顶升行程内是否有障碍物及是否清理完毕，检查平台上、挂架上材料是否基本用完，测量风速。顶升作业的风速必须小于 6 级。

（9）试顶升

正式顶升前先试顶升 50mm，监控各节点变形情况、油缸同步情况、两个油缸的协调情况、支撑顶柱的垂直情况。

（10）正式顶升至一个施工层的高度

试顶升确认无异常后正式顶升，顶升时仍要密切监控各点行程的同步、顶升力的同步、顶升速度是否平稳，发现异常及时通知顶升控制指挥处，暂停顶升，排除故障。顶升完成后监控上支撑箱梁伸缩牛腿伸入墙体预留洞内。

顶升油缸慢慢回收，荷载逐渐由上支撑箱梁承担，准备提升下支撑箱梁。

（11）试提升下支撑箱梁

检查油路、活塞杆工作情况，无碍后试提升下支撑箱梁50mm，检查支撑油缸的协调情况。

（12）正式提升下支撑箱梁至一个施工层的高度

提升过程中需要密切监控各节点受力及变形情况，回收油缸活塞，带动整个下支撑箱梁上升一个施工层高度，观察下支撑箱梁油缸运行协调情况，确认无碍后控制伸缩牛腿伸入墙体预留洞内，缓缓释放油缸活塞，将下支撑荷载逐渐过渡到下支撑箱梁自身。

（13）模板安装

顶升完成后，将模板滑至墙面，穿对拉螺栓，用测量放线的标记调整模板，锁脚螺栓临时固定后用全站仪对模板上沿的控制线进行复核，利用模板吊杆进行调整，满足要求后紧固所有螺栓固定模板。

（14）泵送混凝土

泵管系统及布料系统需要在模板安装之前全部完成，通向浇筑点的临时道路铺设完成，只待混凝土料到达泵机就可入泵输送。

（15）浇筑混凝土

严格按照施工方案中的浇筑顺序分层浇筑。浇筑过程可利用中央控制室进行监控，浇筑完成后必须及时清理现场的残渣，确保作业地点的清洁。

整体顶升模架目前已成功应用于上海环球金融中心、广州西塔、深圳京基100大厦、广州东塔等多个项目。

1.4 空中造楼机

空中造楼机是由门式起重机、双梁桥式起重机、施工电梯、升降传动机组、桁架钢管升降柱与钢结构操作平台等高度集成为一座大型、通用、组合式机械设备平台，可以实现高层及超高层建筑施工的"神器"（图1-26）。空中造楼机就像一座移动的造楼工厂，在一座城市或一个地区流转建造各类不同形体的标准化建筑物，是现代标准化、智能化的工业建造技术。这套平台设备是由深圳市某公司历时8年研制而成的，由北京某公司制造，并在国家住宅联盟试验示范基地进行足尺建造，足尺建造成果通过了专家的验收。

1. 空中造楼机的组成

空中造楼机是由升降传动机组、升降柱、附墙水平稳定支撑、楼面混凝土操作平台、施工电梯、双梁桥式起重机轨道托架、外模水平支撑、内外模板机架、过渡连接机构、钢结构平台、门式起重机等组成的。

过渡连接机构

钢结构操作平台

内外模板模架

双梁桥式起重机
水平稳定支撑

桁架钢管升降柱

升降传动机组

图1-26 试验基地的空中造楼机

2. 空中造楼机的现场组装步骤

在用造楼机建造的房屋基础施工时，要将造楼机的基础一起建造，地下室顶板要预留升降柱的洞口。空中造楼机地面上的组装步骤如下：

1）汽车吊吊装液压升降传动机组，三维精度微调。

2）汽车吊吊装6节升降组。

3）汽车吊吊装钢结构平台悬臂三角托架。

4）汽车吊吊装钢结构平台托架。

5）汽车吊吊装龙门吊托架与轨道梁。

6）汽车吊吊装两台龙门吊。

7）两台龙门吊吊装钢结构平台主桁架与次桁架。

8）龙门吊吊装过渡连接H型钢。

9）龙门吊辅助安装双梁桥式起重机轨道梁。

10）龙门吊吊装两台双梁桥式起重机。

11）钢结构平台同步提升4节升降组。

12）双梁桥式起重机吊装下部模板模架。

13）双梁桥式起重机吊装上部中心架。

14）一台龙门吊铺设木质走道板、防护栏。

15）另一台龙门吊穿插吊装中央控制室及工人休息室。

16）汽车吊吊装龙门吊端部两榀托架，形成环状托架封闭结构。

17）钢结构平台下降，进行过渡连接机构固接误差调整。

18）人工安装混凝土料斗及垂直输送管。

19）空中造楼机空转升降与自动开合模整体运行调试。

20）组装完毕，安装团队移交运行管理团队，中央控制室开始进行质量及安全远程监控。

3．空中造楼机建造标准房屋的步骤

1）安装墙柱钢筋网、门窗洞口模板、轻质隔墙、梁钢筋网。

2）安装保温饰面一体板。

3）造楼机整体下降三个标准节，电动机驱动内外模板，自动精准合模，微调限位。

4）组织流水施工，分层浇筑自密实混凝土，辅助微振捣。

5）混凝土强度达标后，流水启动开合模机构自动脱膜。

6）造楼机整体提升四个标准节，开启自动喷淋，养护墙梁混凝土。

7）安装预制楼梯、桁架钢筋楼承板，浇筑楼面混凝土，开启自动喷淋，养护楼面混凝土。

8）重复上述工序，建造后续标准楼层。

9）每间隔六层安装水平稳定支撑、附墙装置。

4．造楼机的拆卸过程

1）流水拆卸钢结构平台主次桁架、过渡连接装置、内外模板模架。

2）顶层屋面施工。

3）造楼机逐层回落，同时进行外墙装饰及瑕疵修复。

4）同步完成标准化室内装修。

5）房屋建造完成，交付使用。

5．智慧建造

可以说，空中造楼机的问世跳跃式地推进了建筑业的转型升级。空中造楼机就像一座不占用土地资源的移动工厂，是半自动的就地现浇流水生产线集合平台，是工业化的现代房屋智能建造利器。展望未来，随着人工智能和5G技术的深入应用，空中造楼机进一步升级的空间将超乎想象，全自动无人流水生产线将指日可待，全程的智能化管理也会被逐步研发出来，施工现场的管理大部分环节将不需要管理人员进行旁站监理，当一道工序完工，检验合格后系统会自动进入下一道工序。所谓合格，是指满足已经输入系统的施工图纸和施工规范的要求。如果是不合格的，系统会报错，甚至还会纠错。随着人工智能技术的发展，自动识别钢筋网是否合格、自动识别进入管路的混凝土料是否合格、判断模板是否合模及移动是否到位等将成为现实，未来的房屋很可能会采用这样的全自动智慧机器进行建造。科技的发展日新月异，智慧建造也许很快就会到来。

1.5　钢筋集中加工配送及成型钢筋安装技术

传统现浇结构中的配筋是由承包商在市场上购买钢筋原材料后在工地的钢筋加工棚

用手工或低度机械化加工成型后运送到作业现场进行绑扎安装而成的。钢筋集中加工配送是指钢筋加工生产企业利用成套的钢筋加工数控机械设备、先进的生产工艺、专业的管理和物流配送平台，对购自钢厂的钢筋原材料进行加工与制作，生产出满足施工现场直接安装需求的成品钢筋制品，然后通过物流配送平台将成品钢筋制品配送到客户指定地点的全过程业务，是集采购、加工、物流、贸易等多种活动于一体的综合性现代产业。

钢筋集中加工配送对保障钢筋制品质量、降低材料损耗、提高生产效率、减少安全隐患等意义重大，是房屋建造技术迈向现代化的重大举措，是现代现浇的主要组成部分。

当然，钢筋集中加工配送也有缺点，如成型钢筋比传统钢筋加工后运输难度高，运输效率低，运输成本也高，增加了理料和修正的管理环节等，这些都是需要在今后的实践中不断克服的。

1. 钢筋加工厂的配置

钢筋加工厂一般要配置数控钢筋笼滚焊机（图1-27）、数控钢筋弯箍机（图1-28）、数控棒材剪切生产线（图1-29）、数控钢筋网焊接生产线（图1-30）等，高配置的钢筋加工厂还需配置立式智能钢筋机器人（图1-31）、钢筋锯切＋镦粗＋套丝＋打磨机器人（图1-32）。

图1-27　数控钢筋笼滚焊机

图1-28　数控钢筋弯箍机

图1-29　数控棒材剪切生产线

图1-30　数控钢筋网焊接生产线

图 1-31　立式智能钢筋机器人

图 1-32　钢筋锯切＋镦粗＋套丝＋打磨机器人

立式智能钢筋机器人是混凝土结构主筋加工的主要设备，采用高精度控制系统，具有加工精度高等优点；系统内自带各种钢筋图形，生产时只需选定对应选项，输入要加工钢筋的尺寸及角度，即可自行双向弯曲加工。该设备主要针对大直径钢筋的加工，且可同时弯曲多根钢筋，单次弯曲时间在 10s 左右，比传统机器缩短 3 倍以上，效率提高了 5~6 倍。

钢筋锯切＋镦粗＋套丝＋打磨机器人设备采用伺服电动机及可编程控制器，采用可编程的存储器存储程序，执行各类面向用户的指令，并通过数字式输入、输出控制生产过程。该设备是一套流水线加工设备，各道工序一次性完成，性能稳定，整个加工过程仅需 2~3 人操作，比传统设备可减少 8~9 人，整个流程耗时缩短 3 倍以上，原材料损耗降低 3% 以上，劳动强度降低了 90%，自动化程度高，加工精度有保证，效率提高了 10 倍以上。

2. 钢筋集中加工业务

1）棒材。数控棒材剪切生产线可以为每个工程定制下料棒材，只要将具体工程的钢筋下料数据输入数控机床，机器就可以自动下料，经切断后移动到指定的储料架按规格分类存放。

2）箍筋。数控钢筋弯箍机可以定制箍筋，可实现盘料开盘、调直、弯箍、切断、箍筋收集等工序的连续工作，实现箍筋产品的自动化生产。

3）钢筋网。传统现浇钢筋混凝土结构的钢筋网采取人工绑扎，数控钢筋网焊接生产线能够将棒条钢筋直接加工成钢筋网，由物流配送到工地后成片地放入安装位置，不需要绑扎，这也是钢筋集中加工配送最主要的业务，预计业务量增长将会非常快。

4）圆形钢筋笼。数控钢筋笼滚焊机可以加工直径为 290~4100mm 的钢筋笼，广泛应用于现浇柱、灌注桩、预制桩等。

5）方形钢筋笼。方形钢筋笼可用于方柱和框架梁。

6）主筋双向弯曲。立式智能钢筋机器人可对大直径钢筋进行多根、双向的任意形状弯曲的加工。

7）粗钢筋镦粗、套丝。钢筋锯切＋镦粗＋套丝＋打磨机器人可以多根连续完成粗钢筋的切断、镦粗、套丝、端部打磨等一系列加工。

3. 钢筋配送业务

按照目前电子商务的发展状况，可以想见，未来可能会有一个类似于淘宝的钢筋集中加工配送平台，钢筋集中加工企业在这个平台上开门店，将自己研发和制作的成品钢筋产品信息发布在这个平台上，等候买家；建筑施工企业根据具体工程的施工图分解配筋，然后到这个平台上挑选合适的成型钢筋产品，下单后输入配送地点和支付货款，等待到货后即进入钢筋安装环节。

对应于这种生产方式，钢筋集中加工企业需要联合起来共同制订标准图集，进行市场培育，编制产品使用说明书，并建立一支专业的、能够提供现场安装指导等售后服务的队伍。

4. 现场钢筋网安装工艺

当市场上出现钢筋集中加工配送平台后，所有的成型钢筋产品都会在平台上列明安装方法、使用说明，这里以钢筋网产品为例阐明平台上需要列明的内容。

1）安装工艺流程。模板工程验收合格后，依据图纸测量放线，标志出钢筋网的铺放位置→吊装下层钢筋网→土建及水电预留、预埋→安放铁马凳→吊装上层钢筋网→铺设施工通道→钢筋工程隐蔽验收→（浇筑混凝土时）维护保修。

2）附加安装说明。

① 钢筋网片搭接。当钢筋网需要接长时采用平搭法搭接，搭接长度不小于 250mm（图 1-33），并在搭接范围的两端和中间用绑钢筋的铁丝绑扎固定。

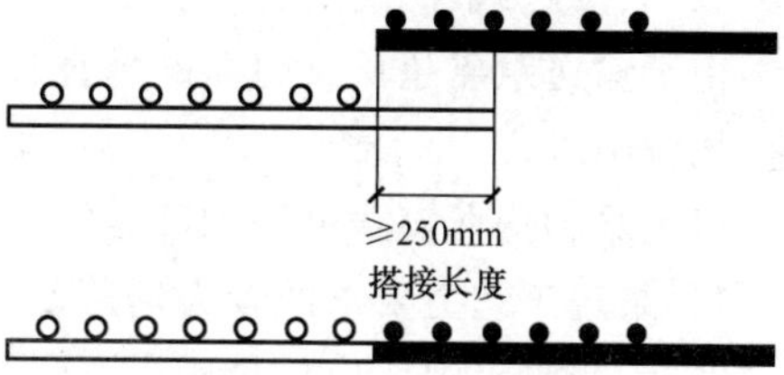

② 钢筋网片剪断。铺装过程中，当钢筋网片与框架柱竖向钢筋或钢柱发生碰撞时，可以剪断碰撞部分的钢筋网片后安装；当楼板有开洞时，将通过洞口的钢筋网剪掉，洞口边缘按构造要求进行加筋补强。

图 1-33　钢筋网搭接长度示意图

③ 钢筋网片四周锚固。钢筋网片四周应锚固在柱子、梁上，锚固长度为 30d（d 为锚固钢筋的直径）。

④ 铺设铁马凳。吊装上层钢筋网片前先铺设铁马凳，铁马凳间距一般为 600mm。

1.6 "一泵到顶"的超高泵送混凝土技术

根据超高层建筑的定义，超高泵送混凝土技术是指泵送高度超过 300m 的现代混凝土泵送技术。现浇作业的混凝土料垂直运输方式有泵送和塔式起重机吊运两种。塔式起重机吊运的方式因成本高、效率低而没有得到广泛的应用，工程上大多采用泵送混凝土技术解决混凝土料的垂直运输问题。泵送混凝土是指混凝土料坍落度不低于 100mm，并用压力泵及输送管道输送后进行现浇的混凝土。现代房屋建造高度越来越高，当输送高度达到一定程度时，混凝土料的垂直运输越来越困难。在 21 世纪以前，当出现混凝土料送不上去的情况时，采用加泵接力输送的方法解决。加泵接力就是地面的混凝土输送泵将混凝土输送到半高处，由另一台混凝土输送泵接力送到目的地的做法。多泵接力的方法解决了高空泵送的问题，对泵的要求也不太高，但施工繁琐，两泵同步动作困难，半高处的泵安装固定非常困难等，使加泵接力的解决方案逐渐被摒弃。"一泵到顶"

的泵送技术是现代现浇应用的重要技术。"一泵到顶"技术是指用一台混凝土泵将混凝土料从地面直接泵送到施工所需高度的技术。该项技术因为施工简便、成本低，很受业界欢迎。目前"一泵到顶"的超高泵送技术日益成熟。当前"一泵到顶"的吉尼斯世界纪录是 621m，这项纪录是 2015 年 9 月 7 日由中国建筑第三工程局有限公司在天津 117 大厦核心筒封顶浇筑时所创造的。

1.6.1 超高泵送混凝土的技术难题

（1）超高压

超高泵送混凝土的出口压力达到 40MPa 以上，由此带来混凝土料容易离析、管路容易泄露等问题。

（2）高强混凝土

超高层建筑的混凝土强度等级都在 C60 以上，高强混凝土料的高黏性及低水灰比使混凝土可泵性极差，很容易造成堵管。

（3）管内剩余混凝土料

由于输送距离超长及超高的垂直管道，每次浇筑混凝土后输送管路内的剩余混凝土清洗比较困难。

以上难题均在实践中得到部分解决，难以彻底解决是因为存在以下两大矛盾：

1）泵送工艺上要求的较大坍落度与高强混凝土的低水灰比、高黏性之间的矛盾。

2）为减少阻力而应尽量减少弯联管与必须设置水平缓冲管之间的矛盾。

1.6.2 超高压混凝土泵的选择和数量确定

超高压混凝土泵的选择需要考虑设备的泵送能力（最大出口压力）、超高压管道密封、管道直径、管道材质、可靠性等问题。对泵来说，体现泵送能力的参数是出口压力与整机功率，出口压力是泵送高度的保证，而整机功率是输送方量的保证。

超高压混凝土泵在选型时，首先要按照工况的要求估算管道的阻力，根据估算的压力值初选混凝土泵型号，然后根据施工方案确定的施工方量需求确认泵送压力（决定了泵送高度）、理论方量（决定了泵送时间）是否满足施工需求，如果满足需求则型号确定，如果不满足需求则重新选择型号，如此反复，直至所选型号满足要求为止，如图 1-34 所示。

因为有一些不确定的摩擦损失，实践中在计算的理论泵送压力基础上考虑 1.5 倍的系数选泵。

超高压混凝土泵的配置数量按下式计算确定：

$$n = Q/(Q_0 \cdot T_0)$$

式中：n——混凝土泵数量（台）；

Q——混凝土浇筑量（m³）；

Q_0——每台混凝土泵的实际平均输出量（m³/h）；

T_0——混凝土泵送施工作业时间（h）。

一般地，在计算配置台数的基础上还要配置 1～2 台备用泵，以备混凝土泵发生故障时作为应急之用。

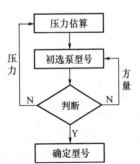

图 1-34 混凝土泵选择流程

1.6.3 输送管的选择与布置

泵送压力超过 40MPa 的输送管道纵向将产生巨大的冲击力，必须选用耐超高压的管道系统。管径根据混凝土骨料的最大粒径、输送距离、输送高度等施工条件进行选择，一般有 110mm、125mm、150mm 等规格；标准管长 3m，也有 2m 和 1m 的配管；弯管有 90°、45°、30°、15° 等不同角度。在布置管道时，应根据混凝土的浇筑方案布置，并少用弯管和软管，尽可能缩短泵管长度。管道沿楼地面或墙面铺设，在混凝土地面或墙面上用膨胀螺栓安装一系列支座，每根管道均由两个或两个以上支座固定。管道与管道之间宜采用法兰连接，超高压管的布置应避开人流量较大的区域，并在两边设安全防护装置。

1. 水平管的布置

水平管可按如下原则布置：

1）在泵的出口布置不小于垂直管长度 1/4 的水平管。若限于场地大小无法满足水平管布置要求，也可采取增设弯管的方式，可有效减小管道内混凝土的反压力。

2）水平管的中心标高与泵的出料口的中心标高持平（图 1-35），并按这个标高铺至楼梯间，用弯管与垂直管相接。

3）水平管用 U 形卡箍固定在墩座上（图 1-36）。

(a)

(b)

图 1-35 水平管与泵的出料口持平　　　　图 1-36 水平截止阀和垂直截止阀

4）在泵的出口部位设置液压截止阀（图 1-36、图 1-37），用于泵车维修时的截止及阻止泵管内混凝土回流。

2. 垂直管的布置

垂直管可按如下原则布置：

1）垂直管采用 U 形卡箍固定在剪力墙上，需设 U 形卡箍的部位在相应位置的剪力墙上埋设预埋件，U 形卡箍与预埋件螺栓连接，箍住垂直管（图 1-38）。

2）垂直管的平面位置要避让所有井道，垂直位置一般选择在核心筒内的一个楼梯间的剪力墙上。

图 1-37　水平截止阀及水平管铺设

图 1-38　垂直管固定

3）为尽量减小楼梯休息平台板上的开洞面积，垂直管竖向布置时将垂直管接头和 U 形卡箍的位置与休息平台板的标高错开，可用 1m、2m、3m 等不同长度的垂直管交替布置来调节接头及卡箍的位置。

3. 水平缓冲管与截止阀的设置

超高泵送混凝土为避免混凝土自重对泵送的影响，应在高空布置水平缓冲管道（图 1-39），竖向管道应在最前端或第一次穿越楼层处设置一个截止阀。由于混凝土泵前端输送管的压力最大，堵管和爆管经常发生在管道的初段，特别是水平管与垂直管相连接的弯管处。

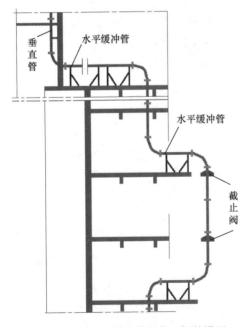

图 1-39　水平缓冲管与截止阀的设置

4. 水平管与垂直管的连接

如图 1-40 所示，水平管与垂直管采用弯管法兰盘连接，弯管要用现浇的钢筋混凝土墩进行固定，以消除混凝土泵强大的冲击力。

图 1-40　水平管与垂直管的连接

1.6.4　混凝土布料杆

可根据现场混凝土浇筑的需要将布料杆设置在合适位置。布料杆有固定式、内爬式、移动式（图 1-41）等。

图 1-41　移动式布料杆

1.6.5　混凝土泵送工艺

泵送混凝土料时应保证混凝土的供应能满足混凝土泵连续工作的需要。现场应建立备用搅拌站，当混凝土料断供时启用，以保证混凝土连续浇筑。超高泵送混凝土的操作流程是：首先泵水，然后泵送和混凝土同强度等级的砂浆，再进行混凝土的泵送，最后对泵送管道进行清洗。泵水的目的是检验管道是否密闭、清洗存留在管道内的杂物、润湿管道等。在泵水之后、泵砂浆之前应在管道入口处放入一个海绵球，将砂浆与水分开。泵送砂浆时要注意砂浆的用量，一般情况下可按每100m管道约需0.3m³砂浆计算，搅拌主机、料斗、混凝土输送车搅拌罐等约需0.2m³砂浆。砂浆泵出后可进行混凝土的泵送。

开始泵送时泵机应处于低速运转状态，注意观察泵的压力和各部分的工作情况，待泵送顺利后才提升到正常的输送速度。混凝土泵要配置ETS远程控制系统，随时掌握混凝土泵的工作状况，同时要使用超声波仪检测输送管的状况，及时发现隐患。当出现泵送困难、泵的压力突然升高时，从超声波检测仪上迅速找出堵塞的管段，采用正反泵点动处理或拆卸清理，经检查确认无堵塞后继续泵送。

1.6.6 洗泵

混凝土泵送结束后要马上洗泵。洗泵非常重要，关系到下次能否顺利泵送。洗泵

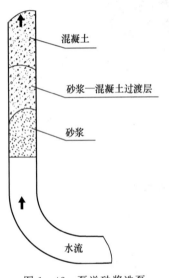

图1-42 泵送砂浆洗泵

的方法有水洗和气洗两种。气洗是利用空气压缩机使高压气体推动海绵球，将管内混凝土料从建筑高层往下推送，送到回收装置接收利用。气洗不能一次清洗干净，施工危险性较大，一般不采用。水洗是利用水的重力来清洗管道。水洗时先向管内泵送一定量的同比例砂浆（图1-42），砂浆泵送完毕后加塞4个浸水的牛皮纸塞子，以彻底清理残留在管壁和管中的混凝土或砂浆杂质，随后泵送约4m³净浆，最后泵送水。由于在混凝土与水之间有一较长段的砂浆和净浆过渡段，不会出现混凝土中砂浆与粗骨料分离的状况，可以将残留在输送管内的混凝土全部输送至浇筑点，避免造成浪费。当残留的混凝土全部泵出时，要及时发现和捡回牛皮纸塞子。

1.6.7 管道拆换

超高混凝土泵送对管道的磨损非常大，当管道磨损严重时须及时更换。水平管大多铺设在地面或者楼面上，其更换、拆卸比较简单；垂直管道的拆换目前多采用人工拆卸方法。由于操作空间有限，拆卸难度大、耗时长，混凝土泵送中止时间过长，易使其流动性损失过大，再次泵送时易引发堵泵。

工程中研制出了特殊的管路更换装置。管路更换装置主要由千斤顶和托架组成，更换时先将托架安装到要顶升的管道1，将千斤顶置于托架的梁上，松开管道1、管道2的连接螺栓组，托管顶住管道1的法兰，千斤顶将管道1顶起，换下管道2，将更换装置拆除，即完成了更换管道工作，如图1-43所示。

提高泵送高度可以说是工程中一个永恒的课题，解决前文所述的两对矛盾还需要时

日。综观中国平安金融中心、京基 100 大厦等工程的做法，似乎可以得到以下启示：

1）设计能够解决两大矛盾的混凝土配合比。

2）管路连接的密封完美到等同无缝。

3）管路的固定达到纹丝不动，使摩擦损失达到最小。

"一泵到顶"的超高泵送混凝土技术不是超高泵送混凝土的终极方案，如果不能完美地解决所遇到的难题，也可以考虑替代方案，如吊运混凝土搅拌运输车方案。这个方案的含义是：如果要泵送 600m 高的混凝土，只需要选用送到 200m 高的泵和管就可以了，超过 200m 时，将地面的混凝土泵转移到 200m 的楼面安装固定，管路也随之上移，

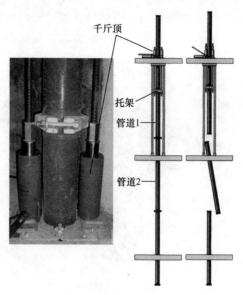

图 1-43　垂直管管路更换装置

当混凝土搅拌运输车到达工地时，由塔吊将混凝土搅拌运输车整车吊至 200m 处的混凝土输送泵卸料，由该处的泵将混凝土料输送到 200m 高的浇筑地点；当浇筑地点超过 400m 高时，将混凝土输送泵转移到 400m 高的楼面安装固定，管路上移，地面的混凝土搅拌运输车由塔吊吊至 400m 处的泵送点卸料。

1.7　新型小型设备与工具

这里所说的新型小型设备与工具，是指新研发出来的用于现浇作业过程中减轻工人操作强度、提高生产效率、提高质量保障的手持器具。现代现浇仍会有一些手工作业工序，研发和应用这些新型手持器具也是工业化进程的一个组成部分。

1. 钢筋捆扎机

钢筋捆扎机是一种便携式手提电动工具，用于现浇钢筋混凝土结构工程中的钢筋捆扎工作，能自动完成钢筋捆扎的所有步骤，完全代替人工捆扎钢筋，可大大提高钢筋捆扎速度、减轻劳动强度、减少用工量，是钢筋绑扎工作的重大改进，也是目前工地捆扎钢筋的首选工具。

钢筋捆扎机的构造如图 1-44 所示，其外观像一杆大号的手枪，枪口

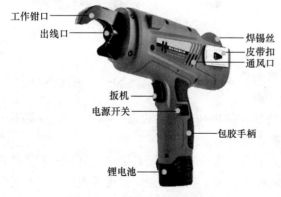

图 1-44　钢筋捆扎机的构造

处有扎丝缠绕机构，枪柄处安装可充电电池，枪的尾部装有线圈以供应枪口吐丝，枪膛里安装传动旋转装置和配电装置，扳机则是通电开关。

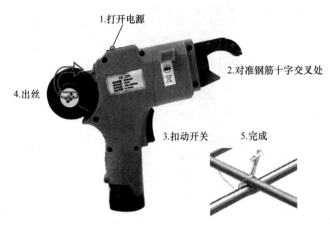

图1-45　钢筋捆扎机的工作步骤

钢筋捆扎机工作时，打开电源，将工作钳口45°斜扣在十字交叉的待绑扎钢筋上，按下扳机（动力装置带动两个进丝齿轮转动，向工作钳口供应捆扎铁丝），将钢筋捆紧，如图1-45所示。

钢筋捆扎机使用便利、效率极高，其主要特点有：①比手工绑扎更牢固；②无需弯腰就能轻松捆扎，不容易感觉疲劳；③采用锂电池工作，适合任何工作环境；④使用的焊锡丝长度比人工绑扎节约。

2. 混凝土振动尺

混凝土振动尺（图1-46）可用于楼面混凝土的浇筑，可代替平板振捣器，且比平板振捣器振捣效果好，操作起来更轻松，并具有平板振捣器不具备的摊平和初步找平功能。混凝土振动尺配合振捣棒完成楼盖梁板混凝土的振捣密实工作，加快了浇筑速度，提升了混凝土振捣质量，减轻了工人的劳动强度，对于浇筑面积不大的楼盖来说是一种简便的施工工具。混凝土振动尺机身轻巧、操作简易，铝合金质的振动尺经久耐用，手扶式手柄操作，适合任何身高的人进行操作。

3. 混凝土激光整平机

混凝土激光整平机是在混凝土整平机上安装了激光接收器，接收激光发射器发射的激光，并以此为基准平面，实时控制混凝土整平

图1-46　混凝土振动尺的外观及构造

机上的整平头，使现浇的混凝土楼地面快速、精准被摊平的设备（图1-47）。整平头上的强力振动器可同步将混凝土料振捣密实。

使用这类机器，现浇的混凝土楼地面平整度比传统施工更有保证，混凝土密实度更高，且提高了施工效率，减轻了工人劳动强度，减少了用工量，是现代现浇施工的高级配置。

图 1-47　混凝土激光整平机在楼面的施工

混凝土激光整平机上的刮板将高出控制标高的虚铺混凝土料带走并初步刮平，省去了抄平放线控制楼板厚度的工作。激光整平机上自带的激光接收器接收到信号后，由激光测控系统进行分析，其偏差会反馈给激光整平机上灵敏的计算机控制系统，线性执行机构据此调整刮板的高度，从而保证了楼地面的整平精度。

混凝土激光整平机的工作流程是：楼（地）面混凝土浇筑＋激光扫平仪控制标高→混凝土激光整平机对楼（地）面混凝土整平→浇筑工人用 3m 刮杠精准找平→单盘抹光机提浆抹平→专业工人用 3m 刮杠精准靠平→双盘驾驶抹光机面层收光→成品保护。

在楼（地）面混凝土浇筑之前将标高标设在柱头的钢筋上，并将准确的标高引到激光扫平仪控制系统，司机操控机器对激光扫平仪控制下的混凝土表面进行精准整平。

待混凝土浇筑面泛浆时，用激光扫平仪复测水洼处，积水处用混凝土料填平，用 3m 刮杠对面层 360° 旋转刮平，达到控制平整度并对柱头、模板边缘细部顺平后用激光扫平仪再次检测，达到要求即可。

在混凝土前端浇筑的同时流水施工，后端浇筑完成的混凝土初凝后，用单盘抹光机进行提浆抹平。

在更后端继续流水施工，浇筑工人再次用 3m 刮杠旋扫混凝土面，没有阴影低洼处后就可以用双盘驾驶抹光机对面层进行最后的收光。

4. 双盘驾驶抹光机

双盘驾驶抹光机是一种用于对混凝土表面进行精磨和收光的驾驶操作机具，主要工作部分是一组由电动机或汽油机驱动的转动抹刀，2～4 片抹刀装在转轴上（图 1-48）。这种机器施工的混凝土表面较人工施工的表面更光滑、更平整，能极大地提高混凝土表面的密实度及耐磨性，比人工作业可提高工作效率 10 倍以上，是现代现浇混凝土施工最后一道工序中使用的先进机具。

双盘驾驶抹光机抹平收光的施工步骤如下：

1）第一遍抹光按纵横两个方向重复压实出光。如个别地方出现无浆或干裂时，应

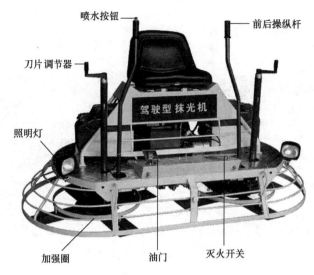

喷水按钮 —— 前后操纵杆

刀片调节器 ——

驾驶型 抹光机

照明灯 ——

加强圈   油门   灭火开关

图 1-48 双盘驾驶抹光机的外形及构造

立即补撒干砂灰和喷洒少量水再抹压。在初抹的同时对室内边角位置应辅以人工修整边角。

2）第二遍抹光自房间内往门口外，边缓退边收光，亦辅以人工边角收光。

3）抹光完毕，待混凝土地面初凝即可洒水养护。

操作注意事项如下：

1）操作前应检查电动机、开关、电缆线是否符合安全要求，电缆零线接减速箱小箱盖，严防漏电发生事故。

2）接线后翻转抹光机，使抹光片悬空，打开开关，检查抹刀相对旋转方向是否正确。

3）检查抹光片、安全罩和各部位的螺栓是否松动。

4）抹光操作中为保证地面平整度要求，进入实地操作的人员应穿平底鞋。

5）工作完毕，应及时清除机器上残留的砂浆，抹光片和抹光装置的连接螺钉应擦干净，然后涂黄油保护。

双盘驾驶抹光机自配照明设施，可以在夜间工作，并自配洒水器，表面太干时可喷水缓解。双盘驾驶抹光机能大大降低劳动强度，提高工作效率。

当前，用于现代现浇施工的新型小型设备与工具仍在不断研发和升级中，越来越多的新产品将投入应用，使现代现浇的工业化水平越来越高。

第2章

装配式混凝土结构施工技术

由预制构件、部品部件在工地装配而成的建筑称为装配式建筑。装配式建筑的结构体、围护体和内装体全部或大部分在工厂预制，现场完成装配和少量现浇施工。装配式是工业化的建造方式，是现代房屋建造的重要组成部分。现代房屋的建造向现代现浇转型升级的同时，国家也在大力推广装配式建筑。2017 年 3 月 23 日，住房和城乡建设部印发《"十三五"装配式建筑行动方案》，进一步明确了"十三五"期间装配式建筑发展的目标：到 2020 年，全国装配式建筑占新建建筑的比例达到 15% 以上，其中重点推进地区达到 20% 以上，积极推进地区达到 15% 以上，鼓励推进地区达到 10% 以上；培育 50 个以上装配式建筑示范城市，200 个以上装配式建筑产业基地，500 个以上装配式建筑示范工程，建设 30 个以上装配式建筑科技创新基地。

我国传统装配式建筑可以追溯到 20 世纪 50 年代，其应用鼎盛时期占新建建筑的比例高达 70%，但在唐山地震后逐步消失。2003 年，深圳市万科房地产有限公司的员工在深圳皇岗路上经常看到装载着装好窗户、栏杆的预制混凝土外墙的货车经过，认为附近一定有预制构件的加工企业，后来果然找到了五家预制混凝土构件的生产企业。这些企业由外资投资设厂，为我国香港地区及境外工程提供预制构件。在当时香港工业化程度最高的一个住宅项目——虎地住宅发展项目现场，万科的技术人员亲眼看到由预制混凝土的外墙、剪力墙、楼板、阳台、厨房、洗手间成功地装配成了一栋拔地而起的高层住宅。经过调研考察，万科开始了研发。2004 年万科 1 号试验楼破土动工，2005 年开始了 2 号试验楼的建造。据笔者调研，这是我国大陆地区第一个采用装配整体式方式建造的预制混凝土住宅实体，可以说是我国大陆地区现代装配式建筑的起源。

2.1　装配式混凝土结构建筑技术体系

装配式建筑在结构工程中称为装配式结构，由预制混凝土构件或部品部件通过可靠的连接方式装配而成的混凝土结构称为装配式混凝土结构，包括装配整体式混凝土结构和全装配混凝土结构。由预制混凝土叠合构件或部品部件通过可靠的连接方式进行连接，并与现场后浇混凝土、水泥基灌浆料形成整体的装配式混凝土结构，称为装配整体式混凝土结构；所有结构构件或部品部件均为预制，并采用干式连接而形成的混凝土结构称为全装配混凝土结构。目前，由于一些因素的制约，装配式混凝土结构多采用装配整体式混凝土结构。随着相关设计、施工、验收规范的健全、市场的培育、人才的培养、技术的突破，全装配混凝土结构将日益发展成熟。装配整体式混凝土结构技术体系如图 2-1 所示。

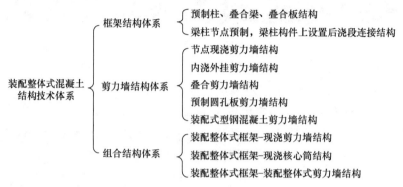

图 2-1　装配整体式混凝土结构技术体系

2.1.1　装配整体式框架结构体系

全部或部分柱、框架梁、楼板采用预制的叠合构件经装配、叠合现浇、灌浆连接形成结构整体的混凝土结构，称为装配整体式框架结构。根据现浇部位的不同，装配整体式框架结构分为两种：一种是将预制柱柱身、叠合梁、叠合板、所有节点一起现浇的"等同现浇"体系；另一种是梁柱节点预制，叠合梁、叠合板、梁柱设置后浇节点区进行现浇连接的体系，这种体系已经不是"等同现浇"，目前还没有相关规范可参照执行，采用这种结构体系尚需时日。

装配整体式框架结构采用等同现浇的理念，梁柱节点与叠合梁、叠合板现浇连接成结构整体，这样的节点连接不复杂，且容易实现，结合预制内外墙板、预制楼梯、预制阳台等，预制率相当高，比较适合目前装配式建筑的需要。

这种结构体系施工现场节省了大量的现场拼装模板，但用钢量比现浇框架结构增加 $10\sim20\text{kg/m}^2$，工程造价比现浇框架结构增加 $30\%\sim50\%$，且施工时需配备相应的起重机和运输设备。

2.1.2　装配整体式剪力墙结构体系

全部或部分剪力墙用预制墙板构建而成的装配整体式混凝土结构称为装配整体式剪力墙结构。按照连接方式的不同，装配整体式剪力墙结构体系有节点现浇剪力墙结构、内浇外挂剪力墙结构、叠合剪力墙结构、预制圆孔板剪力墙结构和装配式型钢混凝土剪力墙结构五种。

节点现浇剪力墙结构是采用预制剪力墙板、叠合梁与叠合板和剪力墙节点现浇、同层预制剪力墙板间设置现浇段、竖向采用浆料连接的结构，是近年来应用最多、发展最快的装配整体式混凝土结构。

内浇外挂剪力墙结构的内墙采用现浇，与叠合梁、叠合板一起现浇，外墙、楼梯、内隔墙等采用预制构件进行装配。其主要特点是外墙板外挂，受力结构现浇，一般配合铝模板使用，预制率比较低，成本比现浇结构高。

全部或部分采用叠合剪力墙板的装配整体式剪力墙结构称为叠合剪力墙结构。叠合墙板有单面叠合和双面叠合两种。其中，单面叠合的墙板在工厂预制，运抵现场定位安装后兼作外侧模板，和现浇部分整浇成整体，共同参与结构受力；双面叠合的墙板由内、外侧两层预制板及连系的桁架钢筋组成，工厂预制，运抵现场安装就位后，在内、外侧墙板的中间现场浇筑混凝土，形成整体剪力墙，共同参与结构受力。叠合剪力墙结构目前只在多层或地震设防烈度低的中高层建筑中应用。

预制圆孔板剪力墙结构采用预制的钢筋混凝土圆孔板作墙体，通过现浇段的剪力墙及水平叠合板、墙体转角、纵横墙交接处及边缘构件部位的现浇钢筋混凝土柱将圆孔板剪力墙连接成整体。这种结构造价低廉，容易被市场接受，预计会得到广泛的应用。

装配式型钢混凝土剪力墙结构是将型钢加入预制的钢筋混凝土剪力墙中，既减少了传统剪力墙现浇的繁琐工序，又使剪力墙有更好的抗震性能，提升了装配式建筑的整体性能。这种结构的施工效率高，质量可靠，在高层建筑中得到应用。

2.1.3　组合结构体系

装配整体式框架结构和现浇剪力墙结构的组合构成了装配整体式框架-现浇剪力墙结构。同样地，装配整体式框架和现浇核心筒结构的组合就是装配整体式框架-现浇核心筒结构，装配整体式框架结构＋装配整体式剪力墙结构就是装配整体式框架-装配整体式剪力墙结构。组合结构体系的建筑层数高，抗震性能好，框架部分的预制率高。其缺点是施工现场同时存在装配和现浇两种作业方式，施工组织比较繁杂。组合结构体系已经在多个工程项目中得到了应用。

展望未来，装配式混凝土结构建筑技术体系可能不会产生太大的变化，未来装配式混凝土结构技术的发展重点将是提高预制构件的性能、精度和结构整体性，当前已经开展的研究有用于预制构件的预应力技术、高强和高性能材料技术、新型结构构件技术，用于提高结构整体性的隔震和消能减震技术、人工塑性铰技术、主次结构设计技术等。

2.1.4　装配式混凝土结构相关技术标准

现行的工程建设标准包括国家标准、行业标准、协会标准和地方标准四个级别，装配式混凝土结构目前还没有出台国家标准层面的设计规范、施工规范和验收规范等，装配式混凝土结构的设计、施工、验收等主要参考现浇混凝土结构的相关规范；预制柱、叠合梁、叠合板等构成的装配整体式结构"等同现浇"，可以使用现浇的混凝土结构相关规范。现阶段装配式混凝土结构可参考的主要技术标准见表2-1。

表 2-1 装配式混凝土结构可参考的主要技术标准

类　别	编　号	名　称
国家标准	GB 50010—2010（2015 年版）	混凝土结构设计规范
	GB 50666—2011	混凝土结构工程施工规范
	GB 50204—2015	混凝土结构工程施工质量验收规范
行业标准	JGJ 1—2014	装配式混凝土结构技术规程
	JGJ 3—2010	高层建筑混凝土结构技术规程
	JGJ 224—2010	预制预应力混凝土装配整体式框架结构技术规程
	JGJ 355—2015	钢筋套筒灌浆连接应用技术规程
	JGJ 256—2011	钢筋锚固板应用技术规程
协会标准	CECS 43—1992	钢筋混凝土装配整体式框架节点与连接设计规程
	CECS 52—2010	整体预应力装配式板柱结构技术规程
地方标准	香港（2003）	装配式混凝土结构应用规范
	上海 DG/TJ 08-2071—2010	装配整体式混凝土住宅体系设计规程
	上海 DG/TJ 08-2069—2010	装配整体式住宅混凝土构件制作、施工及质量验收规程
	上海 DBJ/CT 082—2010	预制装配整体式混凝土房屋结构体系技术规程
	深圳 SJG 18—2009	预制装配整体式钢筋混凝土结构技术规程
	深圳 SJG 24—2012	预制装配钢筋混凝土外墙技术规程
	辽宁 DB21/T 1868—2010	装配整体式混凝土结构技术规程（暂行）
	辽宁 DB21/T 1872—2011	预制混凝土构件制作与验收规程（暂行）
	黑龙江 DB23/T 1400—2010	预制装配式房屋混凝土剪力墙结构技术规程
	安徽 DB34/T 810—2008	叠合板混凝土剪力墙结构技术规程
	江苏 DGJ32/TJ 125—2011	预制装配整体式剪力墙结构体系技术规程
	江苏 DGJ32/TJ 133—2011	装配整体式自保温混凝土建筑技术规程

2.2 装配整体式框架结构施工技术

将工厂预制的预制柱（图 2-2）、叠合梁（图 2-3）、叠合板（图 2-4）通过可靠的连接方式进行连接，然后与预制柱、叠合梁、叠合板的现浇部分现场浇筑成框架整体的主体结构称为装配整体式框架结构。在这种结构中，除了框架采用叠合外，阳台也采用叠合阳台，楼梯、外挂板、内墙板、女儿墙全部在工厂进行预制。和现浇的框架结构相比，其减少了大量的模板安装工程量，减少了一大半钢筋绑扎工程量，减少了一大半混凝土浇筑工程量，节省了墙体砌筑，节省了外墙脚手架，增加了预制构件的吊装和现场的固定连接。

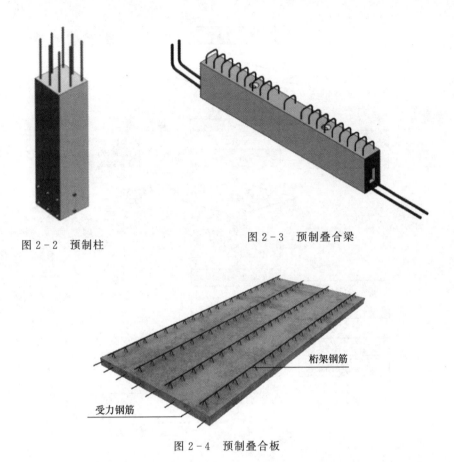

图2-2　预制柱

图2-3　预制叠合梁

桁架钢筋

受力钢筋

图2-4　预制叠合板

2.2.1　工艺流程

　　装配整体式框架结构工程一般采用现浇的钢筋混凝土基础，但要保证上部预制柱套筒灌浆连接部位插筋的精准定位。可应用定位钢板（图2-5）进行定位。装配整体式框架结构施工的工艺流程如图2-6所示。

图2-5　柱筋定位钢板

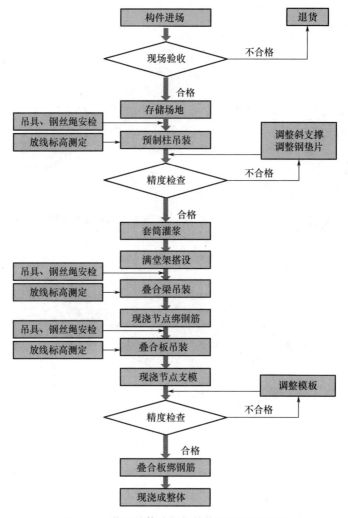

图 2-6　装配整体式框架结构施工工艺流程

2.2.2　预制构件的运输、进场验收与存放

预制构件运输的过程中应采用钢架辅助，构件与钢架接触的地方垫上棉纱等软材料。运输车要慢启、匀速，转弯变道时要减速，以防墙板倾覆。

预制构件进场后，首先要查看厂家提供的预制构件产品质量证明书，并扫描构件上的二维码（图 2-7）。没有质量证明书不能收货。证明书上必须有结构性能检验合格结论。质量证明书要存放到工程资料中。扫描二维码可以了解构件的相关技术参数和预制过程的一些信息，并可核对是否为本工程所需要的构件。预制构件进场时还要对其外观观感、尺寸偏差、预留预埋规格及位置、接触面粗糙度、预留孔深度、截面尺寸等进行抽样测量。

预制构件验收合格后应堆放在专用的堆放场，堆放场一般设在起重机起吊范围内。凸窗板采用直接竖放搁置（图 2-8），墙板采用立放，能够立稳的直接立放在堆场地坪上，不能立稳的采用专门的插放架（图 2-9）插放。插放架要有足够的承载力和刚度，并支垫稳固。预制墙板外饰面不得作为支撑面，宜对称靠放、饰面朝外，且与地面倾斜角度不得小于 80°。

图 2-7　预制构件上的二维码　　图 2-8　凸窗板搁置在地坪上　　图 2-9　预制墙板插放架

预制柱、叠合梁、叠合板采用水平叠放方式存放，底层与层间应设置支垫，支垫应平整且上下对齐，最下一层支垫应通长设置。预制叠合板叠放层数不大于 6 层（图 2-10）；预制柱、梁叠放层数不大于 2 层。

楼梯水平叠放，叠放层数不超过 4 层。放置时要先在地面并列放置 2 根垫木，每层之间用垫木隔开（图 2-11）。

图 2-10　叠合板水平叠放　　　　　　　　图 2-11 预制楼梯水平叠放

预制构件存放时应按吊装顺序、规格、品种等分区配套堆放，不同构件堆放区之间宜设宽度为 0.8~1.2m 的通道，并有良好的排水措施；临时存放区域应与其他工种作业区之间设置隔离带或做成封闭式存放区域，避免墙板吊装转运过程中影响其他工种正常工作，并防止发生安全事故。

2.2.3　装配步骤

装配整体式框架结构建造示意图如图 2-12 所示。

装配步骤如下：

1）在地面或楼面相应位置上测量并弹出预制柱位置中心线和边线。

2）使用定位钢板帮助矫正柱子主筋。

3）坐浆（单点法灌浆）或放置垫片（同仓法灌浆）（图 2-13），坐浆料的材料强度至少高于预制柱一个等级。放置垫片的目的是灌浆时所有的套筒能够同仓。垫片一般是小钢片或者砂浆做的灰饼，厚度为 20mm。

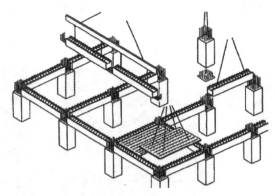

图 2-12 装配整体式框架结构建造示意图

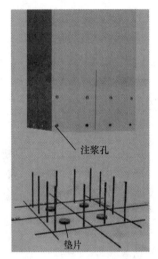

图 2-13 坐浆或放垫片

4）在柱身上弹上相应的轴线，确保定位准确。

5）吊装预制柱。吊至柱的预留钢筋上方 500mm 时稍停，人工扶持缓慢下降，待柱身轴线与楼地面轴线保持一致时完成下降，安装支撑，防止柱身倾斜。

6）封堵预留施工缝后灌浆。

7）重复以上步骤，直至完成同一层所有预制柱的安装。

8）预制柱安装完成后安装脚手架，叠合梁处脚手架安装高度至梁底，叠合板处脚手架安装高度至叠合板底，以此来支撑叠合梁、叠合板。

9）吊装叠合梁（图 2-14）。当叠合梁吊装接近预制柱上端预留钢筋时放缓速度，人工扶持下降，调整位置，避免钢筋碰撞，按轴线落位，完成主梁的吊装。当一个开间的所有主梁落位后就可以吊装次梁，同一开间所有的叠合梁都完成后就可以吊装叠合板了。

10）吊装叠合板接近梁板柱节点上方预留钢筋时放缓，人工扶持下降，调整位置，避免钢筋碰撞，按轴线落位，完成一块板的吊装。同样地，完成同一层所有板的吊装（图 2-15）。

11）现浇部分结构支模，敷设水电管线，绑扎上排钢筋，进行混凝土浇筑。

图2-14 叠合梁吊装

图2-15 叠合板就位

2.2.4 预制柱灌浆

装配整体式框架结构预制柱的竖向连接采用套筒灌浆的连接方式等同现浇地将框架柱连接成整体（图2-16）。套筒灌浆连接是将一个预制构件的钢筋的小部分预先埋在带有凹凸槽的高强套筒中，另一侧与其相连接的预制构件钢筋外露，两个预制构件组装的时候，将外露构件的钢筋插入另一构件的套筒中，再在套筒的空隙注入高强度无收缩的灌浆料，使两相邻的预制构件连接成整体的一种节点连接方式。

套筒灌浆连接分为全套筒灌浆连接（图2-17）和半套筒灌浆连接（图2-18）。全套筒灌浆连接的接头两侧钢筋都被灌浆料包裹，灌浆口用于灌浆料的注入，排浆口用于灌浆时的排浆，这种连接接头多用于预制装配式梁钢筋的连接。半套筒灌浆连接的接头是直螺纹套筒和常规内腔有凹槽的套筒的结合体，在预制结构构件时，先把一侧钢筋和直螺纹套筒一端连接，并

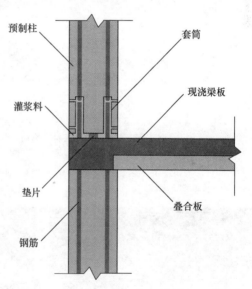

图2-16 装配整体式框架结构预制柱的连接

且无需灌浆，另一端现场安装连接结构构件的预埋钢筋，然后在套筒内部灌入灌浆料，这种连接方式多用于预制装配式剪力墙、预制柱钢筋的连接。

1. 密封及灌浆材料

预制柱灌浆前，先进行柱底施工缝的密封。采用坐浆的，用砂浆将施工缝四周密封，密封所用的砂浆采用可塑性强、抗坠滑、早强、高强且无收缩的专用密封砂浆；采用垫片的，先沿施工缝敷上发泡条，然后用角铁或方木进行固定（图2-19），形成柱底密闭独立的通仓。采用高强、早强、自流性好、微膨胀、自密实、耐久性好的灌浆料。

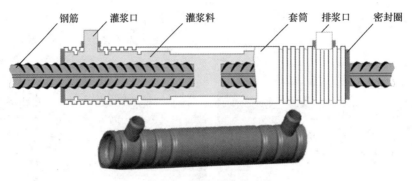

图 2-17 全套筒灌浆连接

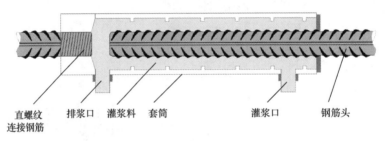

图 2-18 半套筒灌浆连接

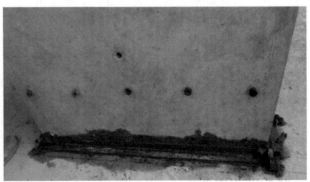

图 2-19 柱底角铁密封

2. 密封砂浆

专用密封砂浆与水的比例为 1:(0.13~0.15)。专用砂浆和水都要称量,先将称量的洁净水倒入搅拌桶中,用抹刀将称量斗中的砂浆铲入搅拌桶,用手持式搅拌机搅拌

5min，然后将搅拌好的砂浆灌入专用填缝枪中待用（也可用抹刀嵌填），再用填缝枪在施工缝四周注入密封砂浆。密封砂浆完成后，夏季 12h、冬季 24h 后才能灌浆。用角铁或木方固定的已经密封，不用砂浆密封，固定可靠后即可进行灌浆施工。

3. 灌浆方法

预制柱的灌浆方法分为单点法和同仓法两种。单点法是在柱底满铺坐浆料，使所有的套筒都不相通，灌浆要一个一个地灌；同仓法是在柱底放置垫片，将施工缝四周密封，使所有套筒相通，注浆时通过一个孔注浆就能到达柱内所有套筒。单点法逐个灌浆，效率较低，但比较容易确保每个套筒内都灌满了灌浆料；同仓法效率高，但较难保证每个套筒内都灌满了浆料。施工中可根据自身的技术能力选择合适的灌浆方法。

灌浆料与水的比例也是 1∶（0.13～0.15），搅拌方法同密封砂浆。将搅拌好的灌浆料倒入灌浆泵，开动灌浆泵，启动要慢些，流速控制在 0.8～1.2L/min，待有灌浆料从注浆管头部软管中流出时，插入下排一个灌浆孔中，加大灌浆泵流速，开始灌浆。单点法是逐个套筒灌浆，从灌浆口注入，上孔溢出，当灌浆料从上孔成柱状溢出时，用橡胶塞或木塞进行封堵，稳定 5s 后拔出并立即进行封堵，转到下一个套筒继续灌浆，直到灌完柱内所有套筒。同仓法从一个下排孔中插入，过一会儿灌浆料会从别的孔中溢出，同样地马上用塞子堵住溢出孔，直到所有的孔都溢出、塞住后，稳定 30s，拔出注浆管，迅速用塞子将孔堵住，这样一次注浆就完成了整根柱子的灌浆连接。

继续灌注第二根柱子，直至完成所有柱子的灌浆。灌浆结束后，清洗灌浆泵、注浆管及粘有灰浆的工具。

2.3　装配整体式剪力墙结构施工技术

2.3.1　节点现浇剪力墙结构

装配整体式节点现浇剪力墙结构涉及的预制构件包括外墙板（图 2-20）、叠合梁（有的与预制墙板合在一起）、叠合板、叠合阳台板、预制楼梯、轻质混凝土墙板，现浇的节点有 L 形节点、T 形节点、"一"字形节点，这些现浇的节点与叠合梁、叠合板一次现浇构成整体的框架剪力墙结构，等同于现浇的框架剪力墙结构（图 2-21）。

装配式建筑的基础及非标准层的施工和现浇的建筑相同，从标准层开始进入装配式施工。为保证非标准层连接部位插筋的精准定位，可用钢筋定位框（图 2-22）进行定位。

（1）工艺流程

预制构件进场和存放→坐浆或安放垫片、分仓→预制外墙板的吊装→塞缝→灌浆→节点区域钢筋及模板安装→叠合梁板施工→重复以上步骤，施工上一层楼→预制楼梯安装→阳台外挂板安装→外墙水平及竖向拼缝施工，直至完成主体结构的施工。

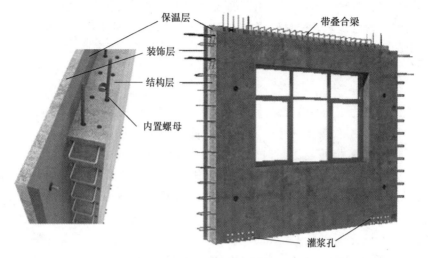

图 2-20 "三明治"预制外墙板

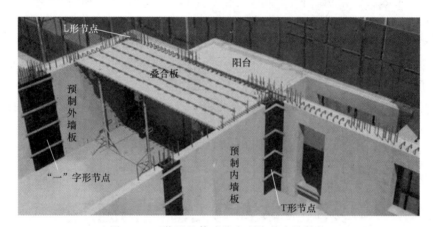

图 2-21 装配整体式节点现浇剪力墙结构

图 2-22 用钢筋定位框定位及矫正钢筋

（2）预制构件进场和存放

预制构件按照进场计划进场，进场的管理和存放要求参考 2.2 节。

（3）测量放线及分仓

在楼面板上根据定位轴线弹出外墙板的定位边线及 200mm 控制线，吊装前在预制墙体上画出 500mm 的水平控制线，用水准仪复核标高。

用钢筋定位框定位竖向连接钢筋，针对偏位钢筋用钢套管进行矫正。

用混凝土进行墙底坐浆，坐浆的混凝土强度至少高于预制墙板一个等级。也可以用半干硬性砂浆抹出 20mm 高的分仓条，对狭长的灌浆缝进行分仓。分仓的目的是使每次灌浆的同仓量不要太大，一般每仓的长度不要超高 1.5m，然后在每仓内放置 20mm

高的钢垫片，使形成灌浆时每个分仓内所有的灌浆套筒能够同仓，最后在墙板外侧粘贴 30mm×20mm（高×宽）的封浆海绵条，其中10mm进入结构墙体，20mm处于保温层内，如图2-23所示。

（4）预制外墙板的吊装

1）墙板预制时安装了内置螺母用于吊装。选用钢梁两点起吊、专用吊扣吊装预制墙体，吊至距楼面1000mm高度时减缓下降速度，由两名专业操作工人手扶引导缓慢下落，另有一名工人用镜子观察预留钢筋是否对孔，正确对孔后缓慢下落就位。

2）安装斜支撑。每块预制构件采用两根斜支撑，斜支撑用于固定与调整预制墙体，确保预制墙体的垂直度。

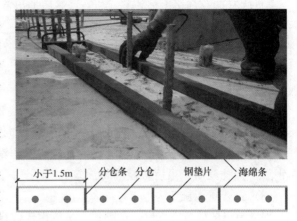

图2-23　垫片及分仓

3）安装7字码。每块预制构件采用2个7字码，7字码设置于预制墙体的底部，用于加强墙体与主体结构的连接，确保后续灌浆与节点现浇时墙体不会产生位移。

4）通过靠尺核准墙体垂直度，调整斜向支撑，最后固定斜向支撑及7字码。

5）摘钩。

6）吊装完成第一块墙板后继续按顺序吊装其他墙板。

（5）塞缝

用干硬性水泥砂浆封堵墙体与楼面间的缝隙，确保灌浆时不会漏浆。

（6）灌浆

预制剪力墙的竖向钢筋连接和预制柱一样也采用套筒灌浆连接，塞缝24h后就可以开始灌浆作业。预制剪力墙的灌浆有单点法和分仓法两种。单点法是在墙底全范围内的楼面用混凝土进行坐浆，高20mm，使预制墙板内的所有套筒不相通。灌浆要逐个套筒进行。分仓法是在预制墙板底部放置垫片后用海绵条及砂浆将墙底全范围内的楼面分成不大于1.5m的密闭仓进行灌浆。类似预制柱套筒的灌浆，单点法易于保证质量，但效率较低，分仓法施工比较快，但很难保证每个套筒都能灌浆饱满，工程上要根据自身的技术能力选用。

单点法和分仓法在工艺上基本相同，分仓法的施工步骤如下：

1）制备无收缩水泥砂浆灌浆料。检查灌浆机具的清洁度，保证输送软管不会残存水泥，防止堵塞灌浆机，同时确保灌浆用水泥在有效期内。用自来水进行灌浆料的配置，用量桶计量水的体积，用电子秤对灌浆料进行称重，确保配合比符合要求，用搅拌器对灌浆料进行搅拌，保证均匀性。

2）对制备好的灌浆料进行流动性测试，确保符合要求。

3）留置试块。每层楼均需做至少3组浆料试块并送检，对浆料1天、7天、28天强度进行测定。

4) 封堵下排注浆孔,只留一个不堵,准备插入注浆管。

5) 插入注浆管进行注浆。

6) 待浆料成柱状从其他口流出时,用木塞或橡胶塞逐个封堵排浆孔。

7) 所有的孔都堵上后,稳定30s,然后抽出注浆管嘴,封堵最后一个注浆孔。

(7) 节点钢筋及模板安装

在外墙板吊装的同时穿插节点及内墙现浇部分钢筋绑扎。

1)"一"字形节点。同排两块预制墙板安装完成后,在两块板之间安装水平箍筋,然后安装纵向箍筋,最后合模等待浇筑。

2) L形节点和T形节点。在垂直交叉的两块预制墙板安装完成后,在其转角或交叉的节点安装垂直方向的水平箍筋,然后安装纵向钢筋,最后合模等待浇筑。

3) 预制墙体带叠合梁的现浇连接(有的工程没有)。套入箍筋,直螺纹连接水平纵向钢筋,绑扎箍筋,最后合模等待浇筑。

(8) 叠合梁板施工

现浇节点的模板完成后,由测量人员放出定位线,在叠合梁底安放单支撑。叠合梁的吊装和2.2节相同。大多数工程的叠合梁是和墙板合并在一起的(图2-24),此时可以直接吊装叠合板,在叠合板下安放单支撑,并在支撑顶部放10mm×20mm木方作为搁栅,调节单支撑,确保搁栅顶面处在同一水平面。叠合板吊装采用专用吊架(图2-25),吊架用工字钢焊接而成,下面设置吊耳,吊耳下对称分布有4个定滑轮,并通过与叠合板连接的6个动滑轮的自平衡确保叠合板吊装时的水平度。将吊装用的钢丝绳通过小卸扣固定在叠合板的预埋吊环上起吊,吊至安装位置上方30~50cm时辨识钢筋位置关系、边线和控制线位置,由两名专业操作工人手扶引导缓慢下落,落在搁栅顶上,精确调整就位后摘钩。

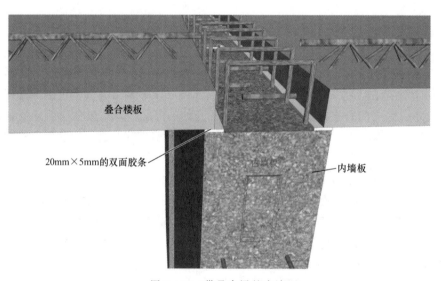

图2-24 带叠合梁的内墙

图 2-25　叠合板专用吊架

按以上方法依次完成其他叠合板的吊装。

（9）阳台板吊装

单个预制阳台板的吊装步骤如下：

1）搭设预制阳台板的支撑。

2）复核三角独立支撑的标高。

3）预制阳台板挂钩起吊。

4）预制阳台板安装就位。

5）复核预制阳台板平整度，有偏差时通过调节三角独立支撑进行调整。

6）使用水准仪复核预制阳台板的标高。

待标准层其他阳台板吊装就位后，统一绑扎阳台板上部钢筋。

穿插进行水电管线预留预埋、叠合板板面钢筋的绑扎。

使用钢筋定位框检查钢筋位置，矫正有偏差的钢筋。

浇筑节点和楼面混凝土。

当楼面混凝土强度达到 1.2MPa 后，按照前述操作程序进行上层结构的安装，依次逐层施工。

（10）安装楼梯

楼梯所处上下两层楼板完成施工后，吊装两层间预制楼梯，弹出预制楼梯位置线。吊装楼梯梯段采用四点吊装，钢丝绳两长两短，两根 3m 长，另外两根 1.5m 长。采用专用吊环，通过螺栓将吊环固定在梯段上的预埋吊点，塔吊将梯段轻提快升，当吊至距离坎台面 1000mm 时停止下落，由专业操作工人稳住预制楼梯，根据水平控制线缓慢下放楼梯，对准预留钢筋，安装至设计位置，摘钩，矫正，拧紧螺母，安装预制楼梯与墙体间的连接件，对楼梯孔洞处进行灌浆封堵，安装永久栏杆，安装踏步保护板（图 2-26）。

（11）外墙水平及竖向拼缝施工

首先安装发泡聚乙烯棒，然后注入建筑耐候胶，实现外墙整体封闭，满足防水与保温要求。

采用上述安装方法完成上部主体结构的施工。

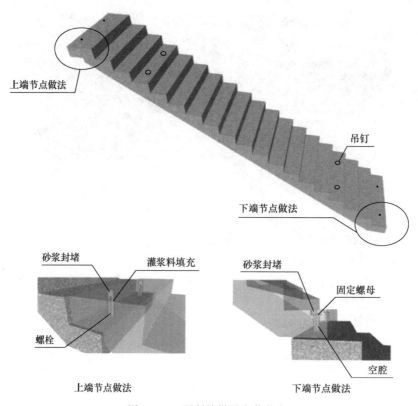

图 2-26 预制楼梯及安装节点

2.3.2 内浇外挂剪力墙结构

装配整体式内浇外挂剪力墙结构的设计思路是：竖向结构现浇，水平结构叠合，非结构部分预制，整体等同现浇（图 2-27）。这种建造方式涉及的预制构件包括外墙挂板、部分内墙、叠合梁、叠合板、楼梯、空调板等，外墙挂板不受力，只作为围护构件，受力的剪力内墙采用现浇。这种结构体系的受力和抗震性能与现浇的剪力墙结构相同，不存在套筒灌浆所带来的困扰，但装配率较低。

这种结构体系施工时，±0 以下包括±0 楼板还是按照现浇施工，浇筑一层楼板混凝土后，在墙体下侧弹一条水平控制线，开始内浇外挂的施工。装配整体式内浇外挂剪力墙结构的施工流程是：吊装外墙挂板→吊装叠合梁→墙板钢筋绑扎→吊装预制内墙板→吊装叠合板→吊装空调板→安装墙、梁模板→浇捣混凝土→吊装楼梯。

（1）吊装外墙挂板

外墙挂板一般采用装饰、保温复合墙板，转角处、内外墙交叉处外墙挂板可作为现浇剪力墙一侧的模板。转角处的构造如图 2-28 所示。外挂板设计有企口，所以首层楼板外墙部位也要做成企口才能安放外挂板。外墙挂板吊装步骤如下：

1）在楼面弹出控制线和施工线，用于内外墙板的定位。

2）吊装人员将安全带固定在可靠位置，锁上保险。

3）清扫楼面外墙挂板吊装区域并粘贴橡胶泡沫条。

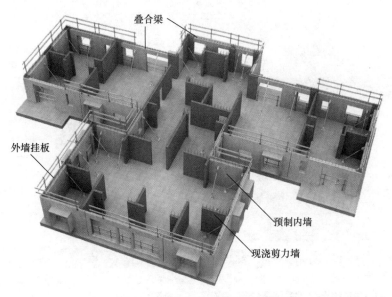

图 2-27 内浇外挂剪力墙结构

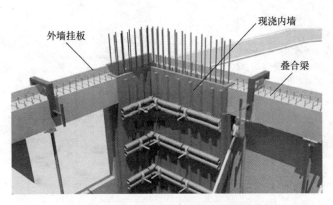

图 2-28 内浇外挂转角处的构造

4）选用钢梁专用吊具两点起吊。当塔吊把外墙挂板吊离地面时，检查构件是否水平，各吊钩受力是否均匀，使构件达到水平后方可起吊至施工位置。外墙挂板落下时，用缆风绳调整外墙挂板安装形态。

5）外墙挂板轻轻落下，至距楼地面 50～100mm 时，用拉伸葫芦将外墙挂板降至地面，当落位与定位线相差较大时应重新将板吊起调整，当落位与定位线误差较小时可用撬棍进行调整。

6）安装斜撑。采用"先上后下"的顺序，先将斜撑上部挂钩挂在上部吊环上，并将斜撑顶端旋转扣扣紧，随后将斜撑下部旋转扣扣紧，接着一人拿托尺，两人调节斜拉杆，用中间旋转杆旋转斜撑，将外墙挂板调整至垂直，最后锁紧中间两个旋转扣（图 2-29）。

7）安装底部靠山，使挂板与楼板连接固定，靠山竖向在地面用螺栓加垫片旋入挂板的预留螺孔拧紧，靠山水平向在楼面上加垫片用螺栓固定在楼板上，如图 2-30 所示。

图 2-29　调整外墙挂板垂直度

(a) 地面预装

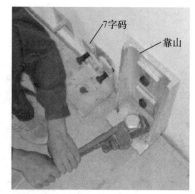

(b) 楼面安装

图 2-30　底部靠山连接

8）安装另一块外墙挂板后，两块外墙挂板间的缝隙粘贴防水胶带，然后逐一固定横向连接片，如图 2-31 所示。

9）将挂钩卸掉，并将吊钩、缆风绳、链条抓紧，送至头顶以上松开吊走。

（2）吊装叠合梁

1）测量放线。根据轴线、外墙板线将梁端线、梁底标高线用线锤、靠尺、经纬仪等引至已安装的外墙挂板上，如图 2-32 所示。

2）支撑搭设。跨度大于 4m 时底部支撑不得少于三点，跨度大于 6m 时底部支撑不得少于四点。

3）吊装。采用钢梁专用吊具四点起吊，吊离地面时检查构件是否水平，吊至距地面 1m 时停 20～30s，各吊钩受力均匀后方可起吊至安装位置。

4）落位。落位前检查是否有预埋套管，以及底部钢筋弯曲方向是否与图纸一致，落位后检查、调整叠合梁标高、位置、垂直度，加固支撑，摘钩。

5）摘钩。操作工人站在人字梯上并系好安全摘钩，安全带与防坠器相连。防坠器

图 2-31 两块外墙挂板的连接

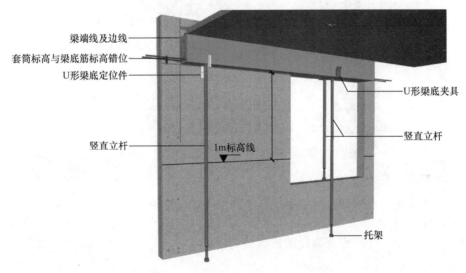

图 2-32 外挂板上标识叠合梁位置线

要有可靠的固定措施。

（3）吊装预制内墙板

1）用水准仪测量底部水平，根据测得的数值在预制内墙板吊装面位置下浇筑混凝土找平。

2）采用钢梁专用吊具两点起吊、4 个吊钉吊装（图 2-33）。吊装前在内墙板上装好斜撑杆用的吊环，有连接口的一面对着楼面上有预留螺栓插筋的一面（图 2-34）。吊装时落地慢速、均匀，使连接口下方的预留孔落入地面预留插筋。

3）用撬棍调整预制板的位置，使之与控制线平齐。

4）内墙板放下后立即安装临时支撑，斜撑螺旋扣固定时先上后下，再调节中间螺旋孔，调节内墙板垂直度，保证内墙板垂直。

图 2-33 预制内墙板起吊

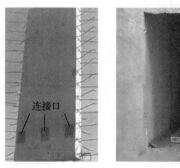

图 2-34 预制内墙板及连接口

5）立即安装底部靠山。

6）安装连接口内螺栓，将压板用高强螺栓压住并拧紧。

7）拆除吊具。

8）通过调整斜撑杆配合靠尺测量预制内墙板垂直度，固定中间两个旋转扣，将斜撑锁定。

9）用注浆机使预留孔内的缝隙密实，封闭连接口。

（4）阳台外挂板安装

将阳台外挂板钩住，起吊，吊至距离操作面 1000mm 处停止降落，操作工人用钩引至安装位置，用角码将预制挂板与本层阳台及下一层挂板进行连接，然后用细石混凝土封堵、找平。

（5）现浇剪力墙内钢筋绑扎及现浇剪力墙模板安装

绑扎墙柱钢筋，搭设支撑排架，安装墙柱模板、梁模板，等待浇筑混凝土。

（6）吊装叠合板

1）从端部开始吊装，用水平尺检查已经搭好的排架上的方木与现浇剪力墙边模是否平齐，边模接缝处粘贴双面胶防止漏浆。

2）叠合板吊装采用四点起吊，吊装时使用小卸扣连接叠合板上的预埋吊环，起吊时检查叠合板是否平衡。

3）吊装至安装位置上方约 1.5m 时抓住叠合板桁架钢筋，稳住，轻轻下落，在高度为 100mm 时参照模板边缘校准落下。

4）使用直尺配合撬棍校正叠合板位置。

5）拆除专用吊具。

（7）吊装空调板

1）安装预制空调板时，空调板底面应采用临时支撑措施，搭设支撑排架，排架顶端可以调节高度，并可与室内排架相连，在空调板安装槽内左、右、下三侧粘贴聚乙烯泡沫条。

2）安装人员系好安全带。

3）空调板采用四点起吊，起吊时使用专用吊环连接空调板上预埋的接驳螺栓。空调板栏杆在地面焊接后用砂浆抹平养护后使用。空调板吊至低位时，抓住锚固钢筋，稳住空调板。

4）吊至 1.5m 高处，调整空调板的位置，使锚固钢筋朝向内侧。

5）空调板落下时，引至安装槽内，空调板有锚固钢筋的一侧与预制外墙板内墙面对齐，使空调板预埋连接孔对准连接锚栓，安装空调板竖向连接板的连接锚栓，并拧紧。

6）用水平尺测水平，调节空调板安装高度、泛水坡度。

7）拆除专用吊具。

（8）浇捣混凝土

水电管线预埋，各种预埋件预埋，安装叠合梁边角模板，浇筑墙、叠合梁、叠合板混凝土。

（9）吊装楼梯

1）吊装前根据预制楼梯梯段的高度测量楼梯梁现浇面水平，根据测量结果在坎台上放置不同厚度的垫片，每个梯段共放四块垫片。

2）吊装人员佩戴安全带。楼梯吊装采用四点起吊，使用专用吊环与预制楼梯上预埋的接驳器连接，使用钢扁担吊装，钢丝绳和吊环配合楼梯吊装。

3）吊装至坎台上方 1.5m 高时，稳住上下两端的吊装钢丝绳，使吊装楼梯缓缓落在楼梯吊装控制线内。

4）在吊装至坎台上方 50～100mm 高度时，通过拉伸葫芦调节预制楼梯平衡。

5）使用撬棍配合直尺调整楼梯梯段的落位。

6）通过靠尺检验楼梯水平和相邻梯段间的水平。

7）当检测完毕后，吊钩落下，去掉吊环，将吊环送至头顶，松开送走。

2.3.3　叠合剪力墙结构

叠合剪力墙结构是由叠合墙板和叠合楼板组成，并辅以必要的边缘构件等共同形成的结构体系。叠合墙板有单面叠加和双面叠加两种，双面叠加是由两层混凝土预制板通过钢筋桁架连接形成的，现场安装就位后在两层板中间浇筑混凝土（图 2-35）。

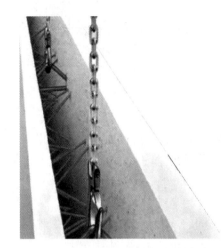

图 2-35 吊装中的双面叠加剪力墙

根据《叠合板混凝土剪力墙结构技术规程》（DB 34/T 810—2008）的说明，这种结构体系只适用于抗震设防烈度为 7 度及 7 度以下地震区和非地震区叠合板式混凝土剪力墙结构，房屋高度不超过 60m，层数在 18 层以内的多层、高层建筑。

1. 工艺流程

测量放线→检查和矫正竖向预留钢筋→叠合剪力墙吊装→安装固定叠合剪力墙的临时斜支撑→调整叠合墙垂直度后摘钩→安装附加钢筋→吊装叠合板→叠合板现浇部分钢筋绑扎→叠合墙底部及拼缝处理→隐蔽验收→叠合墙、叠合板一次性浇筑混凝土。

2. 施工方法

1）测量放线。依据图纸在底板或楼板面弹出叠合剪力墙的位置线。

2）检查和矫正竖向预留钢筋。检查下层叠加剪力墙预留的伸上来的钢筋头，允许偏差比套筒灌浆要求宽松，但也不得大于±10mm，如有偏差需按 1∶6 的要求进行冷弯校正，并清除浮浆。

3）叠合剪力墙吊装。采用两点起吊，吊绳与水平面夹角不宜小于 60°，吊钩应采用安全钩。起吊时采用橡胶垫来保护墙板下边缘角部不被碰撞损伤，接近地面或楼面时要缓慢下落，将墙板放置于垫片之上。

4）安装固定叠合剪力墙的临时斜支撑。每面叠合墙一般用两根斜支撑固定，斜支撑上部用配套螺栓与叠合墙上部预埋的连接件连接，斜支撑底部与地面或楼面用膨胀螺栓进行锚固；斜支撑与楼面的夹角为 40°～50°。

5）调整叠合墙垂直度后摘钩。一人拿水准尺靠在墙上观察，两人调节两根斜支撑上的螺纹套管来调整叠合墙的垂直度，准确无误后摘钩。

6）安装附加钢筋。如图 2-36 所示，安装伸向上一层并连接的附加钢筋。

7）吊装叠合板。

8）叠合板现浇部分钢筋绑扎。进行叠合板现浇部分的钢筋绑扎，同时进行水电管线连接或敷设。

9）叠合墙底部及拼缝处理。叠合剪力墙与地面或楼面间预留的水平缝用 50mm×

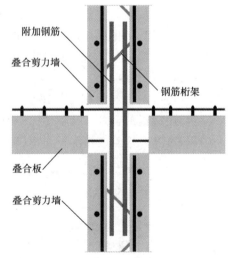

图 2-36 附加钢筋安装示意图

附加钢筋

叠合剪力墙

钢筋桁架

叠合板

叠合剪力墙

50mm 的木方封堵，并用射钉将木方固定在地面或楼面上；叠合剪力墙之间的竖向缝隙用木板封堵，封堵内墙缝隙时木板高度要与叠合剪力墙上口标高平齐，封堵前叠合墙内空腔要清理干净和充分湿润。

10）隐蔽验收。叠合墙、叠合板装配完毕后按隐蔽验收程序验收，符合要求后进行下一道工序的施工。

11）叠合墙、叠合板一次性浇筑混凝土。当叠合墙现浇部分厚度小于 250mm 时宜采用细石自密实混凝土施工，同时掺入膨胀剂。浇筑时保持水平向上分层连续浇筑，浇筑高度每小时不宜超过 800mm，使预制墙板缓慢地承受施工荷载。混凝土振捣应选用直径在 30mm 以下的微型振捣棒。每层墙体混凝土应浇筑至该层楼板底面以下 300mm，并满足插筋的锚固长度要求，剩余部分应在插筋布置好之后与楼板混凝土浇筑成整体。

有关资料表明，叠合剪力墙内新旧混凝土结合面的粘结强度一般低于现浇混凝土的强度，不能有效地传递内力，进而降低了结构的可靠性和耐久性。新旧混凝土结合面的连接性能是影响叠合剪力墙结构整体性能的主要因素，目前对叠合剪力墙的抗震性能及新旧混凝土结合面的连接性能还需进一步研究。

2.3.4 预制圆孔板剪力墙结构

这种结构是用预制的钢筋混凝土圆孔板作承重墙体，预制圆孔板的每个圆孔内配置连续的竖向钢筋网，圆孔内现浇微膨胀混凝土，同一楼层内相邻预制圆孔板之间设置现浇段，辅以叠合板浇筑成整体的结构体系（图 2-37）。

预制圆孔板的两侧有贯通的凹槽，中间有若干椭圆孔等距分布在板内。

1. 施工工艺流程

弹出墙体位置线→施工缝凿毛→现浇段钢筋、圆孔内钢筋绑扎→吊装圆孔板→圆孔板垂直度校正、固定圆孔板→水电管线预埋→安装现浇段模板→墙体

图 2-37 预制圆孔板剪力墙结构

混凝土浇筑→叠合板支撑体系安装→叠合板吊装→楼面水电管线预留预埋→叠合板钢筋绑扎→叠合板混凝土浇筑。

2. 主要施工方法

1）预制圆孔墙板吊装。预制圆孔板和其他预制构件一样采用慢起、快升、缓放的吊装方式，采用就位初步校正、精细调整的作业方式。

2）圆孔内及现浇墙体混凝土浇筑。水平施工缝处要凿毛、冲洗干净，圆孔内要洒水湿润，采用粗骨料粒径不大于 20mm 的自密实混凝土浇筑，浇筑时采用带漏斗的导管插到圆孔内缓慢注入。

2.3.5　钢管束混凝土剪力墙结构

钢管束混凝土剪力墙结构是由标准化、模数化的钢管部件并排连接在一起形成钢管束，钢管内部浇筑混凝土形成的剪力墙结构（图2-38），详见第3章。

图2-38　钢管束混凝土剪力墙

2.4　装配式混凝土结构技术应用的瓶颈

与传统的现浇建造方式相比，装配式混凝土建筑可以将大量的湿作业施工转移到工厂内进行标准化的生产。自2010年以来，我国装配式建筑的发展速度逐渐加快，特别是在政策的引导下，装配式技术应用呈井喷式发展。随着各地政策的陆续出台，装配式建筑近十年来取得了创新发展，形成了诸如装配整体式框架-剪力墙结构等技术，编制完成了《装配式混凝土结构技术规程》（JGJ 1—2014）、《钢筋套筒灌浆连接应用技术规程》（JGJ 355—2015）和国家标准设计图集《装配式剪力墙住宅》等技术文件，《装配式建筑评价标准》也在广泛征求意见之中。此外，科技部在国家"十三五"重点研发方面还围绕"绿色建筑及建筑工业化"领域科技需求，聚焦基础数据系统和理论方法、规划设计方法与模式、建筑节能与室内环境保障、绿色建材、绿色高性能生态结构体系、建筑工业化、建筑信息化七个重点方向设置了相关重点任务重大专项研究课题，广泛组织从业人员开展建筑工业化科研课题攻关，从基础理论、顶层设计、产业链整合和技术评估等多方面深入研究。

但从目前的情况来看，发展应用装配式混凝土技术仍有困难：我国现代装配式建筑发展起步较晚，技术体系不够完善，标准化程度不高，基础研究不足，产业人力资源短缺，预制精度不高，竖向钢筋连接的可靠性有待提高，竖向连接节点灌浆作业的过程质量难以控制，检测方法有待改善，成本居高难下，现实工期较长等。基于此，今后还有很多工作要做，包括制定相关的设计标准、设计规范、施工规范、验收规范，进行长期的人力资源积累，研发主体结构和内装分离的 SI 住宅体系，研发可靠的竖向钢筋连接方式，大幅提高预制构件的预制精度等。只有突破装配式混凝土建筑技术应用的各种瓶颈，才能脚踏实地地迈向现代装配式建筑。

2.4.1 人力资源

目前装配式混凝土结构建筑的建造是由现浇混凝土结构施工技术非常熟练的优秀产业工人完成的，是由对现浇混凝土结构技术应用非常熟练和卓越的管理人才进行项目管理的。装配式混凝土技术亟须大量合格的产业工人和管理人才。装配式混凝土结构建筑产业工人和管理人才的培养没有捷径可走，只有通过长期的实践积累，才能涌现一批优秀的工匠、卓越的管理人才。装配式混凝土建筑技术的应用与发展也不可能一蹴而就，需要长期的脚踏实地的积累过程。

2.4.2 预制精度

目前工程中主要应用的竖向钢筋连接方式为套筒灌浆连接，预制柱或预制剪力墙在上端伸出钢筋头，下端预制时嵌入套筒，装配时要使上一节构件的套筒全部落入下一节构件的钢筋头上，精准无误后进行灌浆。两节构件之间这样的竖向钢筋连接接头在 10 个以上，而钢筋与套筒之间进行灌浆的缝隙仅有 5mm，如果预制精度不够，钢筋头与连接套筒很难处在同心圆上，会产生连接困难的问题。目前生产的装配式构件在预制精度方面还有待提高，由此带来连接的可靠性、安全性问题，这也是现代装配式混凝土建筑发展最主要的瓶颈。

由于预制精度不够，吊装垂直预制构件时费时费力，工期因此受到很大影响，这是装配式建筑工程进度不如现浇结构快的主要原因。

当务之急是提高我国预制构件的预制精度，并研发精准入位的技术方法。

2.4.3 竖向钢筋连接方式

目前竖向装配结构受力体系连接技术还不成熟，主要表现为浆锚连接接头处的灌浆料密实度没有有效的检测手段，灌浆料质量良莠不齐，而目前的检测只能采用破损试验方法，但破损试验后又需要重新进行结构加固，这样对结构安全十分不利。

所以，研发适合我国的可靠的竖向钢筋连接方式和无破损的检测手段迫在眉睫。

第3章

装配式钢结构施工技术

钢结构建筑的钢柱、钢梁、钢节点等所有构件都可以在工厂加工生产，现场只有吊装和连接工作，所以钢结构本身就是便于装配的结构形式。钢结构是天然的装配式结构，但并非所有的钢结构建筑都是装配式建筑。装配式钢结构建筑是由结构体系、外围护体系和内填充体系集成的整体，其中结构体系由多个模块组成，每个模块在工厂标准化加工制作，运输到施工现场后通过高强螺栓快速拼接装配成整体结构。除此之外，外围护体系和内填充体系的主要部分也采用预制部品部件集成，并与结构和谐统一。装配式钢结构与传统钢结构有两点不同：一是构件变成了部件，而部件是由多个构件组成的单元体，装配率更高，几乎可以把现场所有的焊接作业全部放在工厂进行，现场只进行螺栓连接；二是除了结构体系，外围护体系和内填充体系也是工厂化的部品部件的集成。

装配式钢结构建筑是现代房屋建造的发展方向。与传统钢结构相比，其施工现场无焊接、无湿作业、无建筑垃圾，施工周期短，节约能源，梁柱节点刚度控制灵活、延性好，设计标准化、生产工厂化、SI分离和管理信息化等。

装配式钢结构采用高强螺栓连接、干式施工，有相关设计规范和验收规范，有一定的人力资源积累，这些对装配式钢结构建筑而言都是有利的方面。可以说，装配式钢结构建筑具备钢结构建筑和装配式建筑的双重优点。

在国家去库存等政策的推动下，装配式钢结构建筑近几年发展很快。阻碍装配式钢结构建筑大力推广应用的因素是其造价较高。

外围护体系和内填充体系是装配式钢结构建筑研发的重点。

3.1 装配式钢结构的结构体系

2020年国家钢结构发展规划提出要重点研究在各类建筑中应用钢结构新体系，扩大其应用范围，使钢结构设计标准与国际接轨，完善钢结构设计规范和标准，为实现钢结构建筑产业化提供成套技术，研制快速安装、经济适用、安全可靠的钢结构体系、轻钢结构楼板等，应用于保障性住房工程。

目前超高层钢结构的结构体系主要有框架-支撑结构、框架-筒体结构、筒中筒结构、斜交网格外筒＋钢筋混凝土内筒的筒中筒结构、束筒结构、巨型框架-核心筒结构和叠合结构，高层钢结构的结构体系主要有框架-支撑结构、框架-筒体结构和钢管束混凝土剪力墙结构，多层钢结构的结构体系主要有轻型钢结构、钢框架集装箱结构、普通钢框架结构和新型钢框架结构。

（1）框架-支撑结构

框架-支撑结构体系是指在钢框架结构中增设竖向支撑所形成的结构体系（图3-1）。该体系的竖向支撑在水平地震往复作用下既受拉又受压，受压时容易发生整体屈曲，当支撑构件采用普通型钢时，屈曲会造成支撑耗能能力下降。为解决这个问题，工程上研发了防屈曲约束支撑构件（图3-2），它由内核的"十"字形钢构件、外敷无粘结隔离层、外套方钢管及方钢管与无粘结隔离层之间的填充料组成。当内核钢支撑受压屈曲时，外包材料能约束其横向变形，防止其在压力作用下过早发生整体屈曲，从而提高钢框架支撑结构体系抵御破坏性地震的能力。

图3-1 框架-支撑结构

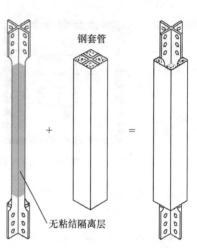

钢套管

无粘结隔离层

图3-2 防屈曲约束支撑构件的构成

（2）框架-筒体结构

这种结构体系的内部为钢筋混凝土筒体，外围为钢框架（支撑）体系，如图3-3所示。该体系中框架与筒体铰接，钢框架承担全部竖向荷载，筒体则承担全部水平荷载。这种结构体系目前在我国应用极为广泛，很多新建的高层和超高层建筑都采用了钢框架-筒体结构体系。其优点是产业化程度高、效率高、隐蔽工程少、资源循环利用率高、施工占地少、能耗少，减少了粉尘、污水、噪声对环境的污染，缺点是空间布置不灵活。

图3-3 框架-筒体结构体系

（3）筒中筒结构

这种结构体系是由内、外两个筒体组合而成的，内筒为钢筋混凝土剪力墙筒体，外筒为密柱（柱间距不大于3m）组成的钢框筒（图3-4）。该结构体系整体刚度大，稳定性好，但外立面的多样性受到限制。

（4）束筒结构

高层建筑由于剪力滞后效应的存在，平面尺寸不能太大，这是高层建筑看起来都很"瘦身"的主要原因。束筒结构也就是组合筒结构。建筑平面尺寸较大时，为了减小外墙在侧向力作用下的变形，将建筑平面按模数网格布置，多个小筒体组合成大筒体，外部采用钢框筒，内部纵横墙采用钢筋混凝土剪力墙（或密排柱）组合而成，如图 3-5 所示。组合筒体（束筒）大大增强了建筑物的刚度和抗侧向力的能力，可组成任何建筑外形，并能适应不同高度建筑体形组合的需要，丰富了建筑的外观。

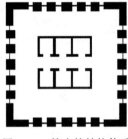 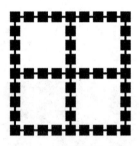

图 3-4　筒中筒结构体系　　　　图 3-5　束筒结构体系

（5）斜交网格外筒＋钢筋混凝土内筒的筒中筒结构体系

斜交网格外筒＋钢筋混凝土内筒的筒中筒结构体系是由钢筋混凝土核心筒、斜交网格外筒组成的新型筒中筒结构，其中斜交网格外筒由斜柱、环梁和斜撑组成（图 3-6）。

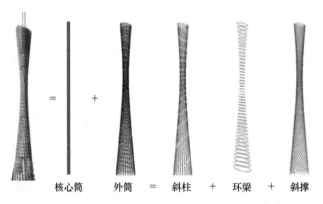

核心筒　　　外筒　＝　斜柱　＋　环梁　＋　斜撑

图 3-6　广州塔的结构体系

斜交网格结构的抗侧刚度非常大，适用于以承受风荷载为主（包括台风）的低烈度地震设防区，其延性和耗能能力较弱，与核心筒组合后可以在较高烈度地区应用。

（6）叠合结构

深圳证券交易所运营中心（图 3-7）采用的就是叠合结构，主塔楼采用核心筒＋外框架结构体系，核心筒是现浇钢筋混凝土结构，外框是型钢混凝土（SRC）柱，核心筒与外框筒间的楼盖采用压型钢板组合楼盖。悬浮基座由塔楼结构及外围桁架筒支承，桁架筒由东西向的 8 根斜撑及角部的 4 根角柱构成（图 3-8）。

图 3-7　深圳证券交易所运营中心

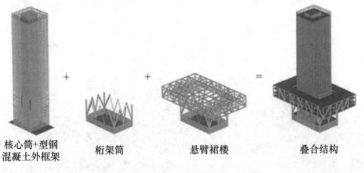

核心筒+型钢　　桁架筒　　　悬臂裙楼　　　　叠合结构
混凝土外框架

图 3-8　叠合结构

（7）巨型框架-核心筒结构

这种结构是由大型的钢框架构件（巨型梁、巨型柱和巨型支撑）与核心的钢筋混凝土筒体组成的，也是巨型钢框架主结构与常规结构构件组成的次结构共同工作的一种结构体系，如图 3-9 所示。这种结构体系由两级结构组成：第一级结构的巨梁、巨柱或巨型支撑不按楼层划分，可以跨越若干楼层，用来承受水平力及竖向荷载；楼面楼盖作为第二级结构，只承受竖向荷载，并将荷载产生的内力传递给第一级结构。从平面整体上看，巨型结构的材料使用正好满足了尽量开展的原则，可以充分发挥材料性能；从结构角度看，巨型结构是一种超常规的具有巨大抗侧刚度及良好的整体工作性能的大型结构，是一种非常合理的超高层结构形式；从建筑角度看，巨型结构可以满足许多具有特殊形态和使用功能的建筑平立面要求，使建筑师的许多构想得以实施。这种巨型结构被广泛应用于超高层建筑中，深圳平安金融中心采用的就是这种典型的巨型结构。

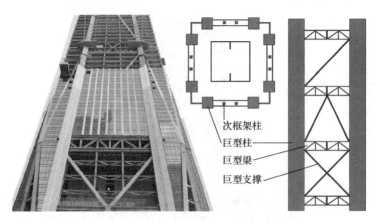

次框架柱
巨型柱
巨型梁
巨型支撑

图3-9 巨型框架-核心筒结构体系

（8）钢管束混凝土剪力墙结构

钢管束混凝土剪力墙结构（图3-10）由标准化的钢管通过钢板、钢板墙以焊接等方式连接成钢管束，形成异形柱（图3-11），钢管内部浇筑混凝土组合而成。这种结构体系的优点是能够充分发挥钢材和混凝土两种建筑材料的优势，异形柱在室内不明显，增加了使用面积，自重轻，减少了基础费用，总体经济效益较好。其缺点是施工困难。

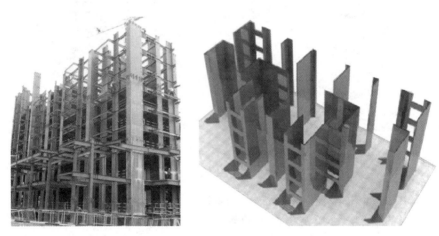

图3-10 钢管束混凝土剪力墙结构

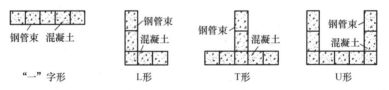

钢管束 混凝土   钢管束
                      混凝土   钢管束   混凝土   钢管束
                                                                混凝土

"一"字形   L形   T形   U形

图3-11 钢管束混凝土剪力墙截面类型

（9）轻型钢结构

目前常见的轻型钢结构建筑是以冷弯成型的薄壁型钢作为承重骨架，以轻质墙板作为围护结构所构成的建筑，如图 3-12 所示。

轻型钢结构体系的荷载通过楼面梁传至墙柱，再由墙柱传至基础。

轻型钢结构的优点是装配化程度高、工期短，承重梁和柱子可以隐藏到墙体内部，自重轻，地基、基础构造和处理简单。

（10）钢框架集装箱结构

这种结构的建筑由两部分组成：一是现场搭建的钢框架，二是在工厂中预制生产的集装箱房间部品（图 3-13）。集装箱房间部品是以每个房间作为一个标准模块单元在工厂预制的产品。这种建筑的建造，现场只剩下钢框架的搭建，房间部品从工厂运至现场后吊装至安装位置，通过可靠的连接方式嵌入钢框架中，接上水电等接口就可投入使用。

图 3-12 轻钢结构建筑

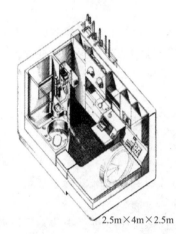

2.5m×4m×2.5m

图 3-13 集装箱房间部件

这种结构的优点是工期非常短，施工质量高，组装灵活，拆卸方便，工业化程度高，适用于公寓和学生宿舍。

集装箱房间部品可以由消费者定制购买或者租赁，在工厂生产后配送至使用地点。建设单位只需在现场用钢结构搭建骨架，将集装箱房间像搭积木一样嵌入钢框架中（图 3-14）。当使用者搬迁时，可以将集装箱房间部品配送至新的地点搭建，如果不需要了还可以转手售出。

未来，移动住宅可能会很快走进人们的生活。移动住宅可以说是集装箱房间部品的升级。

（11）普通钢框架结构

普通钢框架结构体系的主要受力构件是框架梁和框架柱，它们共同作用，抵抗竖向

图 3-14　集装箱结构的搭建

和水平荷载；框架柱和框架梁都采用 I 型或 H 型钢，楼盖采用压型钢板叠合楼板。

普通钢框架结构的优点是空间布置灵活，梁、柱构件易于标准化、定型化，结构的整体性、刚度较好，延性及耗能性都比较好。其缺点是使用高度受到限制，框架节点应力集中显著，构造要求高。

（12）新型钢框架结构

新型钢框架结构是将普通钢框架结构的型钢框架柱换成钢管（圆形、箱形或方形）混凝土柱，将压型钢板叠合楼板换成楼承板而形成的结构，钢管内浇筑混凝土，形成钢管混凝土，框架梁仍采用型钢。

3.2　新型钢框架结构的施工

新型钢框架结构的节点部件在工厂制作完成后，经过严格检查验收，符合设计和验收规范要求后配送到施工现场进行安装。新型钢框架结构的施工包括钢柱部件、钢梁部件、特殊节点部件的安装、混凝土的浇筑、楼承板的施工。

（1）常用的机械设备

一般的钢结构安装常用的机械设备有起重机、千斤顶、倒链、钢丝绳和滑车组等。

（2）施工准备工作

施工准备工作包括组织召开图纸会审、设计变更、编制施工组织设计、作业条件的落实、技术交底和技术资料的收集与发放、作业和管理人员落实到位、材料和设备落实到位、交通道路已经畅通等。

为了向施工单位进行设计交底，解答施工单位在熟悉图纸过程中的疑问，解决施工单位发现的设计错漏，将熟悉图纸过程中发现的质量隐患消灭在萌芽状态，施工前要由建设单位牵头组织召开参建各方都要参加的图纸会审。

在施工过程中难免会出现由于建设单位的要求、现场施工条件的变化或国家政策法规的改变等原因而引起的施工图纸设计变更，设计变更无论是参建的哪一方提出，都要征得建设单位的同意，办理书面变更手续，交由设计单位进行更改。

装配式钢结构的施工组织设计的内容包括工程概况及特点介绍、施工机械的选择及吊装方案的设计、结构连接工艺设计及工艺流程、外围护系统的安装工艺、内装部品的安装工艺、施工进度计划、现场施工平面布置图、人材机需求计划、施工管理措施等。

作业条件的落实包括中转场地准备就绪、钢构件部件的核查、特殊节点部件的核查、基础的核查、吊装机具的核查等。

（3）工艺流程

基础复查→钢管柱部件吊装→钢管内混凝土的浇筑→钢梁部件吊装→楼承板施工。

（4）基础复查

施工前应对建筑物的定位轴线、基础轴线和标高、地脚螺栓规格和位置等进行复查，并办理交接验收。例如，地脚螺栓需复核每个螺栓的轴线、标高，超出规范要求的必须采取相应的补救措施，如加大柱底板尺寸，在柱底板上按实际螺栓位置重新钻孔等。

当基础工程分批进行交接时，每次交接验收不少于一个能形成空间刚度的安装单元的柱基基础，并且基础混凝土强度达到设计要求，基础周围回填夯实完毕，基础的轴线标志、标高及基准点准确、齐全，基础顶面平整，二次浇筑的混凝土表面应凿毛，地脚螺栓完好无损。

（5）钢管柱部件吊装

1）吊装准备。准备足够的不同长度、不同规格的钢丝绳及卡环，在柱身上装上钢爬梯，焊接安全环。

2）吊点设置。吊点设置在钢柱部件的顶部，直接在临时连接板上预留吊装孔（至少需要4块临时连接板，如图3-15所示）。

3）起吊。为了保证吊装平衡，在吊钩下挂设四根足够强度的单绳进行吊装。为防止钢柱起吊时在地面拖拉造成地面和钢柱损伤，钢柱下方应垫好足够数量的枕木（图3-16）。

图3-15　方形钢管柱部件吊装示意图　　　图3-16　方形钢管柱部件起吊示意图

4）临时固定。钢管柱一般采用地脚螺栓连接，钢管柱吊装就位并初步调整柱底与基础基准线对准后拧紧全部螺栓螺母，进行临时固定，确认安全后脱钩。钢管柱较轻时，要在钢管柱大面两侧加设缆风绳或支撑，加强临时固定。

5）钢管柱的矫正及最后固定。钢管柱的矫正工作包括矫正平面位置、标高、垂直度三项内容。钢管柱的平面位置在吊装时已基本矫正完毕，此时主要是复核。标高矫正是在钢管柱的连接螺栓上加一个调整螺母，通过调整螺母控制柱子的标高，直到螺母上表面标高调整到与柱底标高相同为止。垂直度的矫正可以采用两台经纬仪双向观察，矫正时一般采用松紧钢线、千斤顶顶推柱身，使柱子绕柱脚转动，以矫正垂直度。也可以通过不断调整柱底下的螺母进行矫正，直至矫正完毕，将底板下的螺母拧紧，作为永久固定。

（6）钢管内混凝土的浇筑

采用自密实混凝土进行浇筑。

混凝土浇筑前，应将钢管柱内的杂物和积水清理干净，并灌入厚约 100mm 的同强度等级的去石混凝土，以湿润混凝土结合面，使新旧混凝土更好地粘结，防止骨料产生弹跳离析。

用料斗下料，料斗下口尺寸应比钢管内尺寸小 100～200mm，以便混凝土下落时管内的空气能够排出。要控制浇筑速度，一次下料的量不要超过 0.7m³，分层浇筑到设计标高。

当混凝土浇筑到钢管顶端时，使混凝土浇筑面稍低于管口位置，待混凝土强度达到设计强度的 50% 后，再用相同等级的去石混凝土补填至管口，然后将封顶板一次焊到位。

每节钢管柱混凝土连续浇筑，不留施工缝，按规定留取混凝土试样，进行同条件养护。

（7）钢梁部件吊装

钢梁部件的形态很多，这里仅介绍 H 型钢梁的安装方法。

H 型钢梁的截面一般较小，单根重量也较小，如果用塔吊单根吊装效率较低，一般采用单机多吊的方法，即一次同时吊起同一竖向位置的多根 H 型钢梁，如图 3-17 所示。H 型钢梁在工厂制作时一般加工了吊装孔作为吊点，如图 3-18 所示。如果没有预留吊装孔，可以使用钢丝绳直接绑扎在梁的 1/3 处，吊索角度不得小于 45°。为确保安全，防止钢梁锐边割断钢丝绳，要对钢丝绳在翼板的绑扎处进行防护。

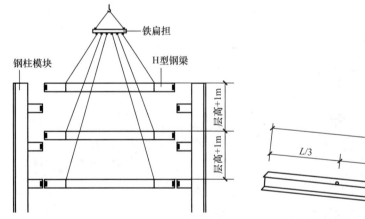

图 3-17 H 型钢梁单机多吊示意图

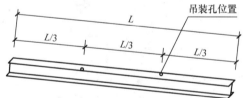

图 3-18 H 型钢梁吊装孔的位置

H 型钢梁主梁与钢管柱的短梁翼缘进行刚性连接，一般采用摩擦型高强螺栓连接腹板和翼缘，次梁通过主梁腹板两侧设置的衬板采用高强螺栓铰接在主梁上。

钢梁安装的竖向顺序是先上层梁、再中层梁、后下层梁。钢梁就位前对应的钢柱必须校正完毕（包括标高、位移、垂直度、扭转的校正）。

（8）钢筋桁架楼承板施工

钢筋桁架楼承板是一种复合板，板上的钢筋在工厂中使用专用桁架设备加工成桁架结构，再将钢筋桁架与镀锌钢板焊接在一起。楼板施工阶段以镀锌钢板代替施工模板，与钢筋焊接形成的桁架结构共同承担自重及施工荷载，在使用阶段混凝土与钢筋桁架共同承担使用荷载。

钢筋桁架楼承板有两种，一种是镀锌板可拆卸的，另一种是镀锌板不可拆卸的，图 3-19 所示是可拆卸钢筋桁架楼承板。楼板结构施工时，不可拆卸楼承板铺设在钢梁上，板边依次扣合，支座竖筋与钢梁上翼缘点焊；焊接栓钉、钢筋绑扎后即可进行混凝土浇筑，完成楼板施工。使用不可拆卸楼承板一般不需架设模板支撑，仅需在板底布置单顶撑承担楼板结构的施工荷载，混凝土浇筑成型后与楼板混凝土形成整体。可拆卸钢筋桁架楼承板的镀锌板与框架梁边缘连接，浇筑混凝土达到拆模强度后可将镀锌板拆去，板底混凝土成型平整光滑，无需吊顶。

采用楼承板，工业化程度高，质量可控，施工速度快，节省了模板和支撑。

1）工艺流程。钢筋桁架楼承板吊运→楼承板安装→楼承板固定→管线、附加钢筋铺设→设置临时支撑→浇筑混凝土→拆除镀锌板。

2）钢筋桁架楼承板吊运。钢筋桁架楼承板的吊运类似于叠合板的吊运，比叠合板简单，但不能使用钢丝绳捆绑直接起吊，应使用软吊索进行吊装作业（图 3-20）。

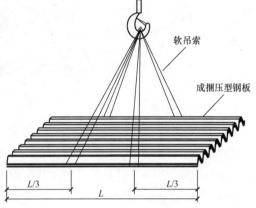

图 3-19 可拆卸钢筋桁架楼承板　　图 3-20 楼承板吊运

3）钢筋桁架楼承板安装。根据基准线依次安装楼板，板与板间通过卡扣连接，拉钩紧密连接。拼接板缝使用双面胶带封堵，如图 3-21 所示。

图 3-21 板缝处理

4）楼承板的固定。每块楼板就位后，桁架钢筋端部与钢梁采用点焊固定。对于不拆卸楼承板，镀锌板铺设在钢梁上，沿板的宽度方向以 300mm 以内的间距用电弧焊点焊；对于可拆卸的楼承板，镀锌板宽度方向边缘与钢梁边缘拼接，板边不用点焊，但要保证拼缝严密。栓钉焊接在钢梁顶面，不透焊。

5）管线及附加钢筋敷设。楼板支撑筋、负筋、分布钢筋与钢筋桁架绑扎连接，管道铺设于板上，同时避免过于集中布管。电线盒预先固定在底模上，允许钻直径小于 30mm 的小孔。

6）设置临时支撑。主要采用竖向支撑［图 3-22(a)］，局部采用横向小桁架支撑［图 3-22(b)］。

7）浇筑混凝土。采用自密实混凝土浇筑。浇筑混凝土时应及时摊平，布料高度不能大于两倍楼板厚度，也不能大于 300mm。禁止采用振捣棒振捣。

(a)　　　　　　　　　　　(b)

图 3-22　临时支撑

8）拆除镀锌板。楼承板净跨小于 8m 的，混凝土强度达到设计强度的 75% 时可以拆除临时支撑；楼承板净跨大于 8m 的，在混凝土强度达到设计强度后才可拆除临时支撑。临时支撑拆除后就可拆除可拆卸的镀锌板。

3.3　轻钢结构房屋的施工

轻钢结构房屋是采用高强度热镀锌钢板冷弯制成方管承重墙柱和楼面梁而建造的新型房屋，其整体性好，连接可靠，抗震、抗风、防腐、节能、环保，采用标准化设计、工厂化生产、装配式施工，是现代房屋的建造方式之一，也是当前发展最快的一种房屋结构。

1. 组成与构造

轻钢结构房屋由承重墙系统、楼面系统和屋面系统、雨落水系统组成（图 3-23）。其中，承重墙系统由墙柱、墙顶梁、墙底梁、墙间支撑、玻璃纤维棉、覆面板和连接件组成，内墙覆面板两侧采用石膏板（图 3-24），外墙覆面板分内侧和外侧，内侧采用石膏板，外侧采用一体化板（图 3-25）；墙柱为方管和 C 形龙骨，其壁厚根据所受的荷载而定，通常为 0.84～2mm，墙柱间距一般为 400～600mm。楼面系统由楼面梁、楼面板、支撑、连接件等组成（图 3-26），楼面梁为方管和 C 形龙骨，楼面板可选用定向刨花板、水泥纤维板、胶合板等。如果楼面梁不采用组合梁，将看不到传统建筑中的"肥梁胖柱"，不会产生空间压抑感。屋面系统由屋架、定向刨花板（OSB）面板、防水层、轻型屋面瓦（金属或沥青瓦）等组成（图 3-27），屋架也采用方管和 C 形龙骨。雨落水系统由天沟及配件、金属收边条、落水管组成（图 3-28）。

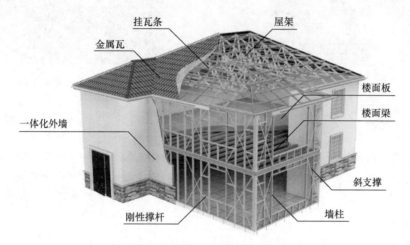

图 3-23　轻钢结构房屋的组成

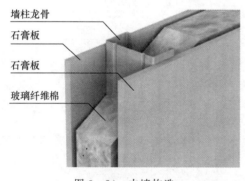

图 3-24　内墙构造

图 3-25　外墙构造

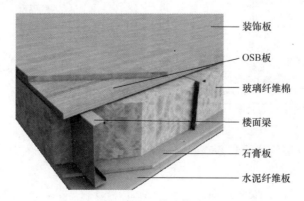

图 3-26　楼面构造

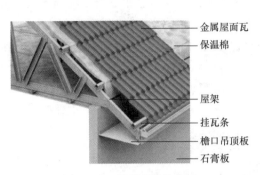

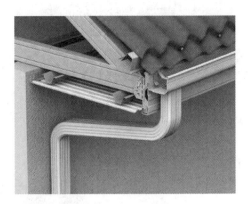

图 3-27　屋面系统的组成　　　　　图 3-28　雨落水系统

2. 施工过程

1）基础。可采用砖或毛石砌筑的条形基础＋圈梁的形式，不应采用混凝土垫层代替基础，基础埋深宜大于场地冻结深度。施工步骤是：测量放线→确定基槽位置→挖基槽→基槽打垫层找平→砌筑条形基础→条形基础回填土、夯实→室内位置地基夯实压平→条形基础顶面水泥砂浆找平→绑扎圈梁钢筋→绑扎首层地板钢筋、装模板→首层地板和圈梁一起浇筑混凝土→养护。养护期间轻钢龙骨进场，并将龙骨拼接成构件。基础构造如图 3-29 所示。

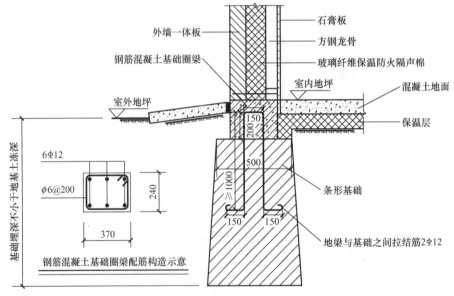

图 3-29　基础构造（单位：mm）

2）主体。承重墙的底梁与基础的圈梁预埋螺栓连接，墙柱龙骨通过镀锌螺栓和墙底梁连接在一起，其他龙骨与龙骨之间也用镀锌螺栓连接在一起（图 3-30）。按照施工平面图装配一层墙体、安装楼面梁、安装楼面 OSB 板、装配二层墙体……

3）楼梯。在两层楼之间安装轻钢楼梯，其构造如图3-31所示。

图3-30　龙骨与龙骨之间的连接　　　　　图3-31楼梯构造

4）屋面。安装屋面桁架，安装屋面檩条及支撑，轻钢结构搭建完成。安装屋面板，由下而上分别做防潮层（呼吸纸）、防水卷材、隔热层、装饰层，安装屋脊及山墙收边。

5）外墙。外墙直接安装保温、隔热、防水、防潮装饰一体板。

6）内墙。在龙骨间塞入玻璃纤维棉，在龙骨表面钉装石膏板，石膏板上可做各种装饰。

7）安装天沟及收边板。

8）安装栏杆及收边。

3.4　装配式钢结构的外围护系统

由建筑外墙、屋面、外门窗及其他部品部件等组合而成，用于分隔建筑室内外环境的部品部件的整体称为外围护系统。装配式钢结构建筑是由三大系统集成的整体，单纯的一个系统装配不能称作装配式建筑。装配式钢结构建筑的外围护系统也是工厂化生产的部品部件，运抵现场后与主体结构进行可靠连接而建成。外围护系统是当前推广应用装配式钢结构的重点和研发方向之一。

迄今为止，国家标准、行业标准中尚未对装配式钢结构建筑外围护系统的性能做出统一的指标要求，装配式钢结构建筑对外围护系统部品的性能需求的共识是：

1）与钢结构同寿命，具有良好的耐久性。

2）具有良好的防火、防水、隔声性能。

3）具备适应钢结构体系变形大的特性。

4）钢结构本身自重轻，外围护系统也要轻量化。

5）部品部件化。

目前，装配式钢结构建筑外墙板的材料种类较多，市场上主流的外墙板主要有PC（钢筋混凝土）墙板、ALC板（蒸压轻质混凝土板，ALC是Auto claved Lightweight Concrete的简称）、复合保温板、太空板、灌浆墙板、幕墙等。装配式建筑推广应用以来，市场上也出现了不少外围护系统解决方案，其性能见表3-1。

表 3-1　现阶段装配式钢结构外围护系统的性能

解决方案	保温隔声性能	施工方便性	优点	缺点
加气混凝土板体系（ALC 板）	很好	方便	高性价比	板缝多
ECP 板＋内保温＋ALC 内墙板	很好	不方便	一体化	造价高
PC 复合挂板＋内保温	很好	比较方便	单元化	造价高
"三明治"预制混凝土外挂墙板	较好	比较方便	单元化	重量大、有冷热桥
发泡水泥复合外墙板（太空板）	很好	方便	轻质	钢框与水泥接触部位容易开裂
龙骨组合保温体系	较好	不方便	一体化、外观好	造价高
纤维水泥板轻质灌浆墙	较好	比较方便	防火、耐撞	工期长

注：ECP 板即中空挤出成型水泥板（Extruded Cement Panel）。

这些墙板或者解决方案各有优点，但都不能同时满足以上性能要求的五点共识，并且大部分墙板还是散装材料，与装配式部品部件还有一定的距离，研发理想的装配式钢结构建筑外围护系统部品部件仍然在路上。

在对市场现有方案进行梳理的基础上，笔者认为同时满足以上五点性能要求共识、可称得上装配式部品部件的产品有：

1）ALC 单元体一体板与 ALC 单元体板。

2）GRC（玻璃纤维增强混凝土）单元体一体板与 GRC 单元体板。

3）玻璃幕墙单元体。

单元体是将条状的外墙板在工厂拼装成标准化的大板块，这样的大板块运抵现场后与钢结构进行可靠连接、干挂施工。

3.4.1　ALC 单元体一体板与 ALC 单元体板施工

ALC 单元体一体板与 ALC 外墙板单元体板是在工厂用蒸压轻质加气混凝土外墙条板（ALC 板）拼接成单元体的装配部件（图 3-32）。蒸压轻质加气混凝土条板是以水泥、粉煤灰或硅砂、铝粉、石灰等为主原料，板中设置预先经过防锈处理的钢筋来加强板的刚度，再经过高压蒸汽养护而成的多气孔混凝土成型板材，具有轻质高强、保温隔热、阻燃耐火、吸声隔声、多级承载、抗震环保、拼接便捷等优点。采用这种条板拼接出来的部件既有条板所具有的优点，又克服了条板拼缝太多容易漏水、干缩的缺陷，是一种性能优越的现代绿色环保建筑部品部件，是装配式钢结构的最佳配套部品部件之一。这种部品部件的造价比砌筑加气砖墙略高，但性价比非常优越，是装配式钢结构建筑主流外墙部品部件。

ALC 单元体一体板与 ALC 单元体板采用分层外挂式，与钢梁连接节点的构造见图 3-33。

ALC 外墙板单元体的施工流程：放线→固定角钢→起吊安装 ALC 单元体一体板或 ALC 单元体板→ALC 单元体一体板或 ALC 单元体板就位→ALC 单元体一体板或 ALC 单元体板校正→采用钩头螺栓固定 ALC 单元体一体板或 ALC 单元体板→打密封胶、勾缝→验收。

目前市场上还鲜有 ALC 单元体一体板产品，很多工程仍然采用散装、现拼的做法，现场安装龙骨、配件，然后安装 ALC 外墙板。

图 3-32 ALC 单元体板装配部件

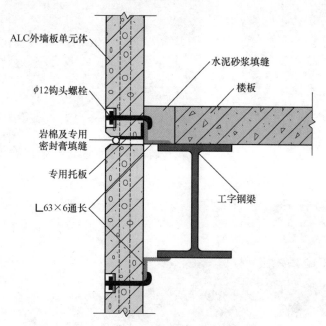

图 3-33 ALC 单元体板部件与钢梁连接节点的构造

3.4.2 GRC 单元体

GRC（Glass fiber Reinforced Concrete）即玻璃纤维增强混凝土，是一种以耐碱玻璃纤维为增强材料、以水泥砂浆为基体材料的纤维水泥复合材料。

GRC 单元体是由 GRC 板、钢骨架或轻钢龙骨及连接材料在工厂拼装而成的单元化装配部品（图 3-34）。GRC 板是以玻璃纤维增强无机板（新材板）为两侧面板，以保温隔热材料（聚苯板、岩棉、泡沫混凝土等）为芯材的复合保温墙板（图 3-35），具有高强、轻质、环保、保温、隔热、防火、防水、耐候性强、艺术质感好、安装简便等优点。GRC 单元体中标准化设计、批量生产的单元体其实就是人造石幕墙。

GRC 单元体目前采用的是定制化的工业生产方式，需要根据具体的建筑进行定制化设计、生产、运输和安装施工。

超强的可塑性使 GRC 板的成型几乎不受形状限制，可以通过三维犀牛模型图进行制模，把异形、弯曲建筑立面自由分割、分块，然后 3D 打印，进行模具的制作、定制。图 3-36 所示是自由分割的分块单元体，图 3-37 所示是九江文化艺术中心外立面，图 3-38 所示是南京青年奥运会会议中心正在吊装 GRC 幕墙单元体。

图 3-34　GRC复合保温墙板单元体

图 3-35　GRC 板材

图 3-36　自由分割的分块单元体

图 3-37　九江文化艺术中心外立面

　　GRC 单元体的施工流程包括预埋锚固件及支座安装、GRC 单元体定制及运输进场、GRC 单元体就位安装、GRC 单元体校正调整、清理修补、板缝打胶、面层保养等。

　　（1）预埋锚固件及支座安装

　　清理水平控制线基层，弹出每个 GRC 单元体的分格线，确定预埋锚固件的位置，逐个安装支座，点焊临时固定支座，检查支座的三维空间误差，检查无误后对连接件支座进行双面满焊固定。

　　（2）GRC 单元体的定制及运输进场

　　对具体项目进行深化设计，确定 GRC 单元体的形状和数量，提交订单及相关制作要求。工厂按订单预制，每个制作完成的单元体部品采用泡沫气泡薄膜进行包裹，部品四个边角加上护角胶套，完成包装，装车运送至现场。

图3-38　南京青年奥运会会议中心

（3）GRC单元体就位安装

对已污染或腐蚀的连接件进行清理，再进行防腐处理。用起重设备将GRC单元体吊至安装单元附近，绑上电动葫芦链条，使单元体吊装时可以在小空间范围内较精准地平稳移动。通过起重设备和电动葫芦的相互配合将GRC单元体平稳移动到指定位置后，将GRC单元体背后钢框直接搁置在支座卡槽内。

（4）GRC单元体校正调整

通过扭转GRC单元体两端底座钢板上的螺栓可有效完成精细调节，保证GRC单元体水平标高精准。水平标高校正调整准确无误后将螺栓锁紧，并将背后龙骨与钢板底座满焊牢固。

（5）清理修补、板缝打胶、面层保养

清理GRC单元体面层，采用水磨、酸洗、喷砂等工艺修补破损部位，然后整体打磨抛光，消除色差，待GRC单元体面层整体观感达标后再对GRC单元体间拼缝采用硅酮胶注胶嵌缝。

最后对GRC单元体整体面层喷涂保护漆，防止再次受到污染或损坏。

3.4.3　玻璃幕墙单元体

玻璃幕墙单元体是将组成玻璃幕墙的面板和骨架等在工厂组装成独立的板块（一般为一个层高，1～2个分格宽度），然后运输到现场直接与钢结构进行干式可靠连接和安装的预制部件（图3-39）。

（1）玻璃幕墙单元体安装流程

测量放线→结构预埋件检查→支座码的安装→支座码的校正→隐蔽验收→单元体工地复检→单元体吊运进楼层→单元体的吊装→止水带安装→隐蔽验收。

安装顺序为竖直方向由下往上，同层之中由右往左进行安装，目的是减少收口位及安装方便。

（2）支座码的定位

支座码在未安装以前，由放线组人员将单元体的分格线全部弹在结构预埋件上，检查埋设的预埋件是否符合设计要求，偏差大的预埋件需要请设计人员做出修正方案（图3-40）。

图 3-39　玻璃幕墙单元体

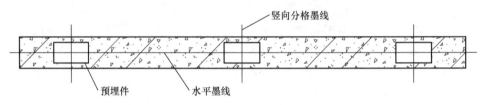

图 3-40　支座码定位示意图

（3）支座码的安装

采用先两端后中间的安装顺序。同一立面、同一楼层安装单元支座码时，两端支座码由技术水平较高的施工人员依据外控钢丝线、室内控制墨线、1m 标高线进行两端支座的安装、定位，这关系到整个面的垂直度、平整度。两端安装后，拉一根横向控制鱼丝线，作为安装基准，随后中间的支座码就可以准确地安装了。

（4）玻璃幕墙单元体的运输

1）垂直运输。垂直运输是指玻璃幕墙单元体由地面运至板块存放层的过程。一般采用塔吊吊运，但必须在转运层设置转运平台。单元体进入楼层后，按照施工方案确定的位置分散存放。

2）楼层内运输。单元体在楼层内的运输包括单元体由转运平台运至指定存放地点及由存放地点分解成单个单元体运至吊装位置两部分。

（5）玻璃幕墙单元体的吊装

1）采用塔吊吊装。单元体采用塔吊进行吊装的过程见图 3-41。如果塔吊繁忙，可以采用 2）、3）两个方案。

2）采用吊轨+电动葫芦吊装。这个方案的吊装过程如图 3-42 所示。

3）采用小吊车系统吊装。小吊车系统由小吊车、卷扬机、配重、定滑轮、钢丝绳、卸扣、小推车组成，可以用槽钢、工字钢、角钢自行加工而成。安装步骤是：①安装小吊车底座；②安装卷扬机；③安装小吊车配重；④安装吊臂和滑轮；⑤撑起小吊车，闭合电源，下放钢丝绳；⑥单元体吊装就位（图 3-43）。

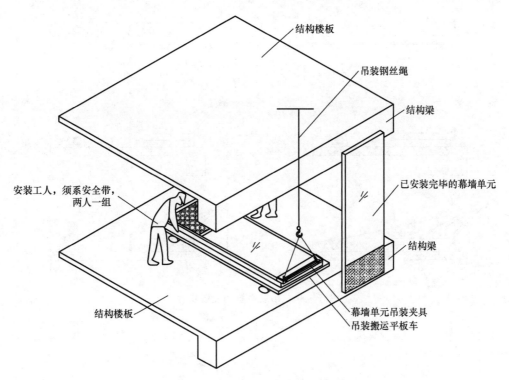

结构楼板

吊装钢丝绳

结构梁

已安装完毕的幕墙单元

安装工人，须系安全带，两人一组

结构梁

结构楼板

幕墙单元吊装夹具
吊装搬运平板车

图3-41 塔吊吊装玻璃幕墙单元体示意图

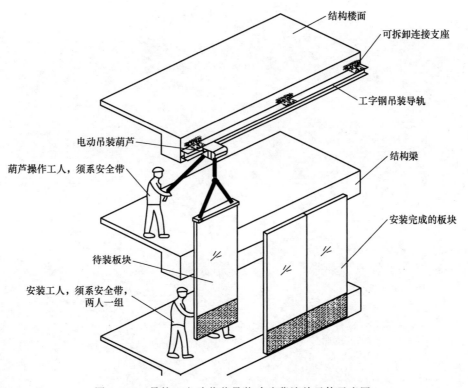

结构楼面

可拆卸连接支座

工字钢吊装导轨

电动吊装葫芦

结构梁

葫芦操作工人，须系安全带

安装完成的板块

待装板块

安装工人，须系安全带，两人一组

图3-42 吊轨＋电动葫芦吊装玻璃幕墙单元体示意图

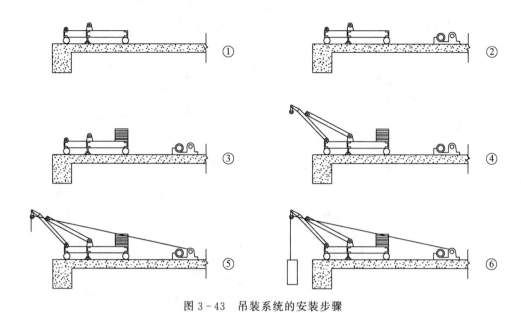

图 3-43 吊装系统的安装步骤

第4章
现代木结构施工技术

木结构是以木质构件体系为主要受力体系的工程结构。古代的木结构建筑是以手工制作的柱、梁、斗拱、额、枋为构件，采用榫卯连接构件建造的建筑。现代木制品产业将人工林木或进口木材进行加工、重组、胶合后所形成的制品作为现代木结构建筑的工程材料，这种工程材料称为工程木。人工林和工程木的出现使木结构建筑获得发展良机。

现代木结构是采用标准化的工程木预制结构组件，采用机械连接装配木组件，运用现代技术经防火防潮防虫处理后所建造的建筑。国内外的实践显示，现代木结构建筑比传统木结构建筑（采用原木建造的建筑）、钢筋混凝土建筑、钢结构建筑有着更好的抗震性、耐久性、防护性、保温隔热隔声性、居住舒适性，并且具有得房率高、碳气体负排放、居住能耗低等独有的特点。我国现代木结构建筑从 2003 年开始逐渐在沿海地区得到应用，目前约有数万栋这样的建筑，应用范围不仅有民居、住宅，还有商业、旅游、文体设施及寺庙等，非常广泛。

现代木结构集现代加工、建造技术于一体，采用标准化设计、组件化预制、装配式施工、信息化管理，预制化程度高，施工周期短，质量、成本可控，符合现代房屋建造技术的发展方向。

资料显示，在我国灾难性大地震中，大约 95％ 的人因为建筑物倒塌而死亡，而在1989 年美国加利福尼亚发生的里氏 7.1 级地震中超过 5 万栋木结构房屋的死亡人数为零，1995 年日本神户大地震中木结构建筑的住户几乎无人死亡，2008 年汶川大地震中都江堰青城山的部分现代木结构建筑抵御住了里氏 8 级大震的考验。现代木结构建筑体现出卓越的抗震性能。

无论是钢筋混凝土结构还是钢结构的建筑，设计使用年限都不超过 70 年。鉴于木材良好的耐久性，加之使用科学的方法建造和维护，可以预期现代木结构建筑的使用年限会很长。

承重的工程木燃烧后会在表面留下炭化层，可以避免其内部直接暴露于火焰中，隔离内部与氧气的接触。木结构达到耐火极限后仍然能够保存极大的残留强度和刚度。对于轻木结构，使用防火石膏板及木龙骨中填充不可燃纤维保温材料可有效隔绝火焰，防火安全性可靠。

现代木结构建筑外墙会包裹上单向呼吸纸，水气可以从房子里透出来，却不能从外部渗入，因此即使木结构建筑建造在潮湿的地方也不会受潮气的侵蚀。建造时在地基中设置防虫网，对木材进行防腐防虫处理等，都能防止白蚁的侵害。

木材是天然的绝缘体，它的导热性很差，热绝缘能力是钢材的 400 倍，是混凝土的 10 倍。轻木结构防火所用的石膏板和不可燃纤维也是良好的保温、隔热、隔声材料，所以现代木结构建筑冬暖夏凉、私密性好。

现代木结构所用的工程木一般都是经过高温高压制造出来的，基材经过窑干处理，不会产生受潮开裂弯曲变形等问题，用作结构材料具有很好的力学性能。

有资料显示，木材生产过程中所消耗的能源和水分分别比钢结构少 27.75% 和 39.2%，比混凝土结构少 45.24% 和 46.17%，并且人工林砍伐后还可以再生，具有可持续发展性，因此现代木结构建筑可以说是真正的绿色建筑。

综合上述木结构建筑的优点可以认为，现代木结构建筑是采用工程木预制结构组件、装配式施工、承载文明诉求的现代房屋。

4.1　现代木结构用材

我国在 20 世纪七八十年代开始大量种植人工林，人工林现在已进入成材期，木结构的结构用材逐渐以国产代替进口，同时国家在政策上加大开放木材进口，鼓励大规模发展木结构建筑，使得木结构用材有了充分的保障。

现代木结构建筑的用材是工程木，工程木是以木材为原料进行加工重组后胶合而成的工程材料，分为承重工程木和非承重工程木。使用工程木建造是现代木结构区别于传统木结构的主要标志。我国目前尚未建立工程木质量认证和准入体系，仅在标准规范中对构件的生产和检验作了规定。

使用工程木的好处有如下几方面：

1）材料规格标准统一，质量稳定，力学性能稳定，荷载计算可靠；而原木因材质各异，影响力学性能的不确定性因素多。

2）可以使用小径材、次材、细碎材制造大的规格材，小材大用、量材使用；而原木只能使用栋梁之材。

3）不产生收缩、变形，大截面工程木耐燃性较好。

4）可以定制加工各种异形的构件、曲面、褶板，创造丰富多彩的建筑造型。

4.1.1　承重工程木

（1）胶合层积木（Glued laminated timber，Glulam）

胶合层积木是由小木方按其纤维方向相互平行在长度、厚度或宽度方向集成胶合而成的材料（图 4-1），简称胶合木。胶合层积木极为耐压，在相同的承载条件下比钢材轻得多，对环境完全无害，耐火性好，与其他建筑材料相比其燃烧行为安全且可预测，承重性能好，承重持续时间比钢结构和混凝土结构长。

（2）单板层积木（Laminated Veneer Lumber，LVL）

单板层积木是以旋切的方式从原木上剥下厚单板，沿单板的顺纹层积组坯、热压胶合再锯割而成的材料（图 4-2）。

图 4-1　胶合层积木　　　　　　　图 4-2　单板层积木

（3）单板条定向层积木（Parallel Strand Lumber，PSL）

单板条定向层积木是用松木单板条经施胶、微波工艺压制而成的，可裸露使用。PSL 与 LVL 不同的是，LVL 将原木旋切成单板，单板直接层积，而 PSL 需要将单板剪切成宽 20mm 的单板条，再组胚施胶压制而成（图 4-3）。

（4）正交胶合木（Cross-Laminated Timber，CLT）

正交胶合木是采用胶合木正交叠放胶合压制而成的实木，叠层数量可根据需要设置为 3 层、5 层、7 层和 9 层，可用于柱、梁、墙与楼板（图 4-4）。

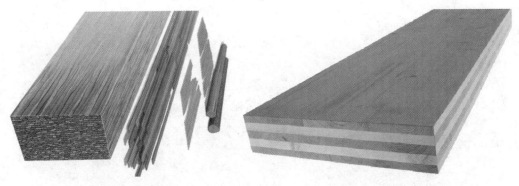

图 4-3　单板条定向层积木　　　　　　　图 4-4　正交胶合木

4.1.2　非承重工程木

（1）重组木（scrimber）

重组木是在不打乱木材纤维排列方向、保留木材基本特性的前提下，将小径级木材、枝丫材及制材边角料等廉价低质木材重新组合，施胶压制而成的结构辅助用材（图 4-5）。

（2）薄板胶合板（plywood）

薄板胶合板俗称胶合板（图 4-6），制造工艺和 LVL 基本相同，但原料比 LVL 差，旋切出来的单板比 LVL 薄且多断裂，薄板组胚纤维方向相互垂直，层数较少，一般为3层、5层、7层，而LVL多达几十层。

图4-5 重组木

图4-6 胶合板

（3）长条木片胶合板（LSL）

长条木片胶合板又称层叠木片胶合木，是用速生杨等材料切割成长木片，经干燥和搅胶后，将长条木片按同一方向铺装成板坯，然后加热、加压制成长20m、宽2440mm、厚90mm的大幅板材（图4-7）。

（4）大片刨花胶合板（OSL）

大片刨花胶合板又称定向木片胶合板，是将大片刨花按纤维方向排列铺装后喷上黏结剂、蒸压成形的厚型材料，生产工艺与LSL相同。与LSL不同的是，OSL用的刨花尺寸比LSL的长条木片小，约为LSL木片的1/3（图4-8）。

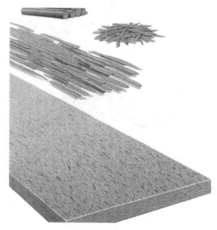

图4-7 长条木片胶合板

图4-8 大片刨花胶合板

（5）定向（大片）刨花板（Oriented Strand Board，OSB）

定向（大片）刨花板是将长约10cm的大片或长条刨花定向铺装，且表层和芯层垂直配置胶合成型的板材。板材一般为三层，两层表层，一层芯层（图4-9）。

（6）预制工字形木构（Prefabricated Wood I-Joist）

预制工字形木构是用单板层积材（LVL）或长条刨花胶合木（LSL）等作翼缘，定向刨花板（OSB）或胶合板作腹板，采用耐水黏结剂胶合而成的工字形构件（图4-10），可用于木框架结构的次梁或搁栅（图4-11）。

图4-9　定向（大片）刨花板

图4-10　预制工字形木构

（7）中密度纤维板（MDF）

中密度纤维板是以小木片（刨花）、纤维为构成单元的刨花板或密度为 0.35～0.80g/cm³ 的纤维板（图4-12）。因其表面平滑，材质细密，雕刻加工质量优良，可作为刨切薄木和浸渍纸或合成树脂膜贴面的装饰用基材。

图4-11　木框架结构中的搁栅

图4-12　中密度纤维板

4.1.3　其他木结构用材

（1）呼吸纸

呼吸纸是防水透气膜的通俗叫法，是用类似尿不湿用纸做的卷材，由中间层聚乙烯微孔透气膜及两层聚丙烯高分子材料经先进的热复合工艺生产而成，分正反面。呼吸纸铺贴、包裹在木结构的外围护结构上（图4-13），室内湿气可以通过呼吸纸排出，室外水气却被呼吸纸挡住而进不到室内，从而确保室内环境干燥。呼吸纸在一体化的木构架外墙组件、屋盖组件或外挂板预制时铺贴在装饰层之下，现场不需再做呼吸纸。如果不是一体化外墙、屋盖或外挂板，需要在现场外墙、屋盖或外挂板上铺贴呼吸纸。呼吸纸铺贴时自下而上进行，顺水搭接，横向接缝搭接150mm，竖向接缝搭接300mm，用码钉或大头钉固定在外墙结构上，用胶带将所有接缝密封，所有的穿孔处也应密封。

（2）玻璃纤维棉

玻璃纤维棉简称玻璃棉，是以废旧玻璃为原料经高温熔制、拉丝、络纱、纺织等工艺制造成的丝棉（图4-14），具有防火、保温、吸声降噪三大特性，用在木结构的内外墙组件夹层或屋盖组件底板夹层中。

图4-13 外墙铺贴呼吸纸

图4-14 玻璃纤维棉

（3）屋面瓦

现代木结构房屋大多采用坡屋面，坡屋面的表面装饰采用屋面瓦。屋面瓦种类很多，有陶土瓦、水泥瓦、沥青瓦、GRC瓦、琉璃瓦等。陶土瓦是用黏土和其他合成物制成湿胚干燥后经过高温烧制而成的片材（图4-15）。沥青瓦是以玻璃纤维为胎基，涂浸石油沥青后，一面覆盖彩色矿物粒料，另一面撒上隔离材料而制成的瓦状片材（图4-16）。

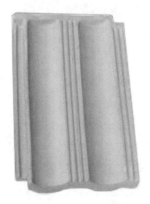

图4-15 陶土瓦

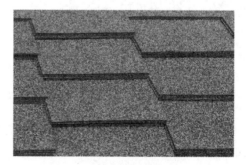

图4-16 沥青瓦

（4）雨水天沟系统

雨水天沟系统是由天沟、雨水斗和排水立管组成的系统（图4-17）。整套系统由工厂预制，现场装配，不需要在屋面设雨水斗，排水管道也不需要穿过屋面，可在工程末期独立进行安装。

图 4－17　雨水天沟系统

4.2　现代木结构的结构体系

现代木结构由预制木结构组件组成。所谓木组件，是指采用工程木在工厂制作、具有单一或复合功能、用于装配木结构的基本单元，常用的有柱组件、梁组件、墙组件、楼盖组件、屋盖组件、木桁架、空间组件等。根据《多高层木结构建筑技术标准》（GB/T 51226—2017），现代多高层木结构结构体系有纯木结构和混合木结构等。纯木结构是指所有组件都采用工程木的结构类型，分为轻型木结构、木框架支撑结构、木框架剪力墙结构、正交胶合木剪力墙结构。混合木结构是指以木结构为主要结构，并与钢结构或钢筋混凝土结构共同承重的结构类型。混合木结构分为上下混合木结构和混凝土核心筒木结构两种。上下混合木结构的下部结构采用钢结构或钢筋混凝土结构，而上部结构采用纯木结构；混凝土核心筒木结构是现浇钢筋混凝土核心筒和纯木结构的混搭。另外，还有具有装配式特质的集装箱木结构。

（1）轻型木结构

轻型木结构是由基础、墙组件、楼盖组件和屋盖组件等构成的结构体系（图 4－18），其中墙组件由间距较密（0.3m、0.4m、0.6m）的承重工程木龙骨和面板（OSB板、胶合板）组成，在工厂整体预制（图 4－19），各组件在现场采用现代连接方式进行装配。这种结构轻便宜居、整体性好、抗震性好，可用于低层住宅、小型办公室、小型旅游和商业建筑等，但由于防火的需要，组件的表面铺设了防火石膏板，无法显露木材的天然纹理。

轻型木结构建筑在受到地震或飓风冲击时，地震作用或风荷载可以通过各个经过特殊设计的连接点被吸收、分散、传递到基础。有资料显示，轻型木结构建筑在遭遇地震时只有极小的损坏，甚至能保持结构完好无损。

（2）木框架支撑结构

木框架支撑结构是由基础、柱组件、梁组件、楼盖组件等组成的框架结构。这种结

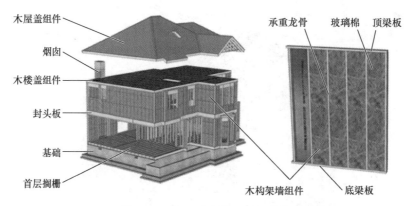

木屋盖组件
烟囱
木楼盖组件
封头板
基础
首层搁栅

承重龙骨　玻璃棉　顶梁板

木构架墙组件　底梁板

图 4-18　轻型木结构的结构体系

构抗侧力能力不强，应慎用，建筑层数也不要超过三层。其梁柱用材一般为 LVL，楼板用材一般为胶合木。与轻型木结构不同的是，木框架结构是重木结构，使用的工程木断面较大，较大断面的工程木燃烧后表面产生的炭化层可以起到防火的作用，不需要在表面铺防火石膏板，且工程木裸露使用可以尽显木材的天然纹理。

如果和混凝土结构搭配，木框架结构是可以用于高层建筑的。

木框架支撑结构是在木框架结构的基础上加设斜支撑、梁柱节点、柱脚节点所构成的（图 4-20），梁柱作为主要竖向承重构件，斜支撑作为主要抗侧力构件，斜支撑的材料可为工程木或其他材料。这种结构的特点是整体稳定性好，性价比高，可用于多高层木结构建筑。这种结构斜支撑能承受地震引起的晃动，斜支撑上的阻尼器能很好地消耗地震能量，梁柱节点的角钢连接件也能辅助耗能，柱脚节点使结构牢固连接于基础，在抵抗强风荷载和地震作用时表现良好。资料显示，木框架支撑结构在大地震中人员受伤和结构受损的程度较低。

图 4-19　预制的木构架墙组件　　　　图 4-20　木框架支撑结构建筑

梁柱节点处的钢结构连接按钢材的要求进行防火保护。

（3）木框架剪力墙结构

木框架剪力墙结构是在木框架结构中增设了木剪力墙的一种结构体系（图4-21）。木剪力墙可以改善木框架结构的抗侧力性能，可用于多高层建筑。木剪力墙可采用轻型木结构墙体，也可采用正交胶合木墙体，梁柱用材一般为LVL，楼板用材一般为胶合木。

图4-21　木框架剪力墙结构建筑

（4）正交胶合木剪力墙结构

正交胶合木剪力墙（图4-22）结构是以正交胶合木CLT作为剪力墙的一种剪力墙结构，CLT墙体承受竖向和水平荷载，刚度大，保温节能性能好，隔声及防火性能好，但用料不经济，主要用于多高层木结构建筑。

图4-22　正交胶合木剪力墙

（5）集装箱木结构

这是部件化的结构，每个部件（集装箱，见图4-23）用工程木在工厂预制，然后运到现场组装成建筑。

图 4 - 23　集装箱木结构

4.3　轻型木结构的现场装配

木结构的连接形式很多，古代木结构建筑常用斗拱、榫卯、齿和销等连接形式，现代木结构的构件和组件已经在工厂完成了初步连接，现场只要将组件连接起来即可装配成结构体系。工厂的连接方式有榫连接、机械连接、胶合连接和拼装连接等，现场可采用的连接方式有螺栓连接、销连接、裂环与剪板连接、齿板连接和植筋连接。

4.3.1　基础与首层组件的连接

轻型木结构建筑的基础一般采用现浇钢筋混凝土条形基础，由于自重轻，持力层较浅，挖土至选定的持力层，打垫层，浇筑圈梁或地梁即可。如果有地下室，则要绑扎地下室钢筋，支墙体和地下室顶板模板，绑扎顶板钢筋，浇筑混凝土。在浇筑圈梁或地下室顶板混凝土时要留下预埋件，预埋件可以是螺栓、化学锚栓或植筋钢筋。有地下室时，预埋件用来固定首层木构架墙组件（图 4 - 24）；无地下室时，预埋件用来固定首层木楼盖组件的地梁板（图 4 - 25）。预埋件的间距要按照木构架墙组件的产品说明，一般控制在 1.2m 以内，深度大于 8cm＋末端弯钩长度。对于门洞，墙体地梁板两端必须由螺栓紧固，首层楼盖组件（地梁板＋搁栅＋面板）的地梁板底面与架空地面间应留有净空高度不小于 150mm 的空间，在架空空间高度内的内外墙基础上应设通风洞口，通风洞口总面积不宜小于楼盖面积的 1/150，且不宜设在同一面基础墙上，通风口外侧应设百叶窗。

木楼盖组件靠楼面板将木搁栅连接成整体。为方便施工，封头板采用后加做法，在木楼盖全部固定妥当后，用螺钉将封头板固定在侧面的搁栅上，每根木搁栅不少于 3 根螺钉，再从楼面板搁栅的中线位置向下旋入螺钉。钉上封头板后，木楼盖组件整体性得到加强，封头板起到类似圈梁的作用。

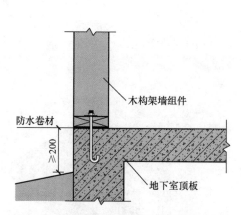
图4-24 基础与首层木构架墙组件的连接

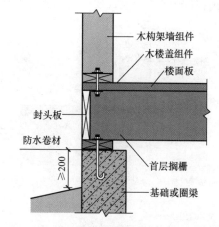
图4-25 基础或圈梁与首层木楼盖组件的连接

工程木制造时都做了防腐处理。因为要直接接触地面，首层木构架墙组件的地梁板或首层木楼盖组件的地梁板底面要铺防潮层，防潮层采用聚乙烯发泡膜或改性沥青卷材，裁剪宽度比地梁板宽度大1～2cm，按照墙体全长平铺。

有地下室的，在地下室顶板上进行首层内外墙组件的安装，地面装饰留后进行；无地下的，首层木楼盖（有时是现场组装）安装完成后进行首层内外墙组件的安装。

4.3.2 内外墙组件的连接

内墙组件安装前，要在外墙组件安装内墙组件部位加垫板（图4-26），然后在内墙组件的边龙骨上钻孔，用螺钉固定。内墙组件之间的连接也要在安装部位加垫板。

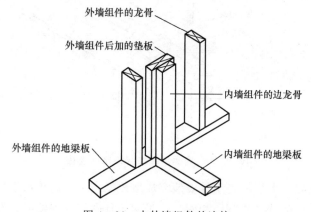
图4-26 内外墙组件的连接

4.3.3 楼盖组件与上下墙组件的连接

楼盖组件与上下外墙组件之间的连接如图4-27所示，楼盖组件与上下内墙组件之间的连接与其类似。

图 4-27 所示是搁栅垂直于外墙时的构造。对于另一方向、搁栅和外墙平行的一面，端部搁栅与外墙组件要对齐（图 4-28）。

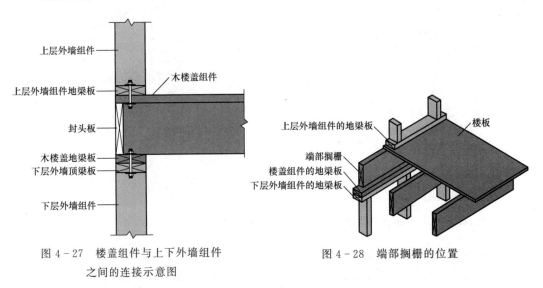

图 4-27　楼盖组件与上下外墙组件
之间的连接示意图

图 4-28　端部搁栅的位置

4.3.4　非承重内隔墙的连接

非承重内隔墙组件与承重内墙组件之间的连接和内外墙组件之间的连接相同，非承重内隔墙组件与顶棚的连接如图 4-29 所示。

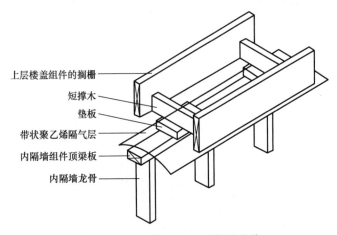

图 4-29　内隔墙组件与顶棚的连接

内隔墙组件需要在上层楼盖组件安装完成后才能安装。内隔墙上方搁栅间要钉短撑木，短撑木间距与内隔墙龙骨间距相同，位于两龙骨中间。安装时，在短撑木下塞入垫板，在内隔墙顶梁板上钻孔，用螺钉将内隔墙固定在短撑木上。垫板塞入前要先放好带状聚乙烯隔气层。

室内水、电、气、暖所有管线、机电设备等都已经在工厂埋入内墙龙骨间、楼板搁栅间或屋面桁架间，现场只需要将预留接口接上就可以了。

4.3.5　屋盖组件与墙体组件的连接

轻型木结构一般采用桁架式屋盖，屋盖组件的底面板直接放在墙体组件顶梁板上，屋盖组件的每榀桁架用螺栓在下弦木部位与墙体组件连接，如图 4-30 所示。

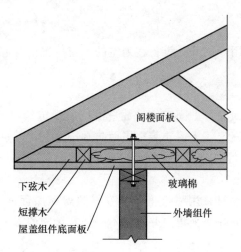

图 4-30　屋盖桁架与墙体组件的连接

4.3.6　层面沥青瓦的安装

1. 工艺流程

第一面屋面弹线→钉檐口瓦→安装沥青瓦→第二面屋面弹线→钉檐口瓦→安装沥青瓦→第三面屋面弹线→钉檐口瓦→安装沥青瓦→第四面屋面弹线→钉檐口瓦→安装沥青瓦→各面交汇处处理。

2. 施工方法

1）弹线。在屋盖组件的顶面板上弹线，确保沥青瓦铺设的整齐度。首先，在其中一面屋面的垂直方向用卷尺量出弹线位置并做标记，然后用墨斗弹出水平线。第一条水平线弹在距屋檐边 300mm 处，其他水平线之间的间隔为 150mm。

2）钉檐口瓦。取一片专用檐口瓦，将檐口瓦安装至屋檐处，并突出檐边 20～30mm，钉子钉在檐口瓦上方 30mm 处。每张檐口瓦使用至少四颗钉子，并使钉子在同一水平线上，然后依次钉完整面屋檐的檐口瓦。

3）安装沥青瓦。取一片沥青瓦，切掉 167mm（瓦片的 1/6），从屋檐边开始铺设并覆盖于檐口瓦之上。瓦片伸出侧边 20～30mm，瓦片上沿与第一条弹线对齐，钉子钉在瓦片骑缝胶条的边上，使钉子能被上一层瓦片完全覆盖。第二层用整张沥青瓦叠在第一层沥青瓦之上，瓦片上沿与第二条弹线对齐，同时与侧边对齐，暂时只钉近侧边的三颗钉子，搭接部分暂时不钉。第三层与第一层相同，第四层与第二层相同，以此类推，铺至屋脊，然后按顺序依次用整张沥青瓦铺设在水平方向，并补上搭接部分的第四颗钉子。

第二、第三、第四面屋面的铺设方法与第一面相同。最后，各面屋面的交汇处统一进行处理。

4.3.7　天窗的安装

（1）开孔

由专业施工队伍采用专用开孔设备在划定的天窗位置上开洞，洞口尺寸比天窗尺寸每边大 20mm。

（2）安装窗框

清理洞口，在洞口四周钉上固定件（数量由厂家设定），将天窗扶正落位，随即将固定件钉在窗框上把窗固定。天窗要装在屋面防水层之上，通过调节固定件使天窗顶面高于屋面瓦 10～30mm（图 4-31）。

（3）做防水层

窗框周围铺设防水卷材，用喷灯把防水卷材热熔在屋面的防水层上，使其成为一体。烘烤卷材要特别处理好四个角，并注意不要烧着天窗的木框（图 4-32）。

图 4-31　安装窗框　　　　　　　　　图 4-32　窗框四周做防水层

（4）安装排水板

排水板由 8 块铝合金组件组成，包括：1 块铅裙，1 根铅裙扣条（带 2 个螺丝孔），2 根护框瓦（分左右，装在左右两边保护木框，小尺寸 L 形，上面带螺丝孔），2 片导水板（不分左右，装在护框瓦下面，大尺寸 L 形），1 块小盖帽（装在天窗上部），1 块大盖帽（套在小盖帽上）。

铅裙装在屋面瓦的上面，其他组件装在屋面瓦的下面。

安装时从下往上，先安装铅裙，用铅裙扣条固定，螺丝固定；接着装导水板，左右各一片；再装护框瓦，分左右，用螺丝固定；接着装小盖帽，小盖帽上左右各由一个螺丝固定；最后装大盖帽，大盖帽扣在小盖帽上，大盖帽上面左右 2 个螺丝固定，固定时连导水板一起固定（图 4-33）。

天窗安装完成后的效果如图 4-34 所示。

图 4-33 安装排水板

图 4-34 天窗安装效果

4.4　现代木结构的防护

随着技术的进步，现代木结构已经逐步克服了传统木结构中普遍存在的防火、防潮、防虫难题。

（1）防火

现代木结构防火的目标是将火势限制在起火的房间内，并在消防救护到达之前保持结构的完好。现代木结构安装了烟雾报警系统和喷淋系统，可以将火势限制在起火的房间内。现代木结构所使用的工程木，着火燃烧后在外表形成一层焦炭，对未燃烧部分起到保护作用，可获得长达两小时的黄金救援时间，等待消防车的到来。轻型木结构的用材规格较小，没有炭化效应，要在结构表面安装石膏板，以保证结构在消防救护到达之前的安全。另外，轻型木结构各组件都夹塞了玻璃棉，使防火性能更出色，这些玻璃棉同时提供了很好的声学品质，增加私密性和舒适感。

（2）防潮

将单向呼吸纸用在外墙上，使水气能够从墙体内部排出，而外部水气不能进入，保持结构干燥。

（3）防虫

现代木结构采用防腐处理结合建立屏障解决防虫问题。工程木都是经过防腐处理的木制品，施工现场只需要建立防白蚁的屏障就可以了。建立屏障有化学屏障法和物理屏障法，化学屏障法是将接近木结构的白蚁驱走或杀死，物理屏障法是将白蚁与木材隔开，现代木结构一般都采用物理屏障法。

物理屏障法一般是利用砂粒或砾石颗粒、金属网或护板等作为物理或机械屏障来防止白蚁蛀蚀。

研究表明，白蚁搬不动直径大于 1mm 的砂粒，但当砂粒直径≥3mm 时，砂粒间的空隙足以让白蚁爬行通过。因此，砂粒直径应设置为 1～3mm。将粒径为 1～3mm 的砂粒铺在地基四周沟渠、墙体空腔、护墙底、条带基础或承台基础的边缘和装饰板里面，形成一道砂粒屏障，能有效地阻止地下白蚁的侵入。屏障宽 50cm，厚度应不小于 10cm，且其边缘应与地基四周沟渠的屏障砂带相连。地基四周沟渠的屏障砂带厚度应为 10cm，宽为 15cm。砂粒铺好后，还须将砂粒夯紧，以增加砂粒屏障抗白蚁穿透的强度。

条带基础或承台基础下方不能铺砂粒，因为钢筋混凝土基础的持力层必须是密实而未扰动的老土。

专用于建筑物白蚁预防的不锈钢网由优质的 316 型船舶级不锈钢加工而成，网孔非常小，仅有 0.5mm，而白蚁只能从直径 1mm 以上的孔隙中穿过，这样小的网孔完全能够阻止白蚁穿过。可将不锈钢网满铺在持力层的老土上，然后在其上面打垫层，甚至在条形或承台基础内的六个面都铺上这种不锈钢网，再浇筑混凝土，这样的防护能够完全阻止白蚁的侵入。

第5章

装配式内填充体系

装配式结构不等于装配式建筑，组成建筑的三大体系中，不仅结构体系是装配式的，外围护体系和内填充体系也是装配式的，才能称为装配式建筑。内填充体系是指在结构体、外围护体构筑的建筑空间内，为分隔空间及满足舒适美观和功能需求而装配的部品、设备等构成的体系。现代装配式混凝土结构、装配式钢结构、装配式木结构建筑的重要特征是内填充体系是工业化生产的部品化体系。

部品化的内填充体系目前仍存在较大的市场应用阻力，因为其价格较高，所以内填充体系部品化产品研发的关键是产品能否提升居住品质。

内填充体系的工业化生产目前还没有指导具体操作的国家规范可以参照，生产企业要在满足现行国家施工验收规范的基础上建立过程可控的质量保证体系，使生产的部品质量可靠。

部品是指具有特定功能的住宅建筑某部位的独立组成单元，是由建筑材料、建筑设备及其配套产品组成的系统。《装配式建筑部品部件分类和编码标准（送审稿）》已通过专家审查，目前尚未施行，在此暂时将内填充体系的部品划分为模块化部品和集成化部品。模块化部品由标准化模块组合而成，标准化模块是系列化的通用单元，通用单元需要以动态的、与时俱进的单元库为研发基础，目前模块化的部品有整体厨房、整体卫浴、整体收纳。集成化部品是将独立又关联的单元统一模数、通用接口、认定保障后按照各个部分的属性有机集合在一起的部品，目前集成化的部品有内隔墙板、架空地板、集成吊顶等。

5.1 整体厨房

住房和城乡建设部2018年12月18日发布的《装配式整体厨房应用技术标准》（JGJ/T 477—2018）将整体厨房定义为"由厨房结构、厨房家具、厨房设备和厨房设施进行整体布置设计、系统搭配而组合成的一种新型厨房形式。"整体厨房的概念突出"整体"二字，是指将厨房系统作为一个整体，综合建筑、装修、家具、家电等多个行业，考虑环境、人机工效学、心理学等因素，合理布局，有机地将橱柜家具、厨房设备、厨房设施融入厨房结构中，使厨房能够在发挥烹饪功能的同时满足现代审美及更新换代的需求。

厨房结构包括底板、顶板、壁板和门，橱柜家具有橱柜及填充件、各式挂件，厨房设备有冰箱、微波炉、电烤箱、抽油烟机、燃气灶具、消毒柜、洗碗机、水盆和垃圾粉碎器等，厨房设施有灯饰、给水排水设施、电气设备与管线等（图5-1）。整体厨房是将传统分散进行的厨房湿作业过程优化整合成一个部品，在工厂制造，整体运抵现场后吊装至设计位置干式安装而成的。

图 5-1　整体厨房

整体厨房施工完毕后应保证橱柜表面平整，保证冷热给水管、排水管、电源线、灯线接口点位及开孔尺寸准确无误，同时要在适当的位置预留各类管道的检修口。

整体厨房部品是在工厂整体预制的，而业主的需求不一，因此可以考虑在购房时让业主自主选择材质和款式，自主确定品质，先定制后预制，统一安装。整体厨房部品在现场整体吊装，干法连接，工期短、人工成本低、施工垃圾极少，能实现绿色施工，从根本上解决了传统内装的一系列问题。

部品化的整体厨房采用集中排烟困难重重：排烟道虽然有防倒流功能，但并没有杜绝串烟串味问题，且排烟道产权不明晰，维修、更换几乎不可能，集中排烟也不利于防火。整体厨房采用的是烟气直排的做法，即让安装在吸油烟机上的排烟管（或整体卫浴中直排式热水器的排气管）穿过墙洞或窗洞，将厨房油烟（或浴室烟气）直接排至室外。采用烟气直排，排烟系统管道相对较短，通风效果好，排风机功率要求低，有利于减少运行能耗；排烟管道可很好地内置于整体厨房的吊顶内，省去了排风道占用的面积（集中烟道平均占用每户使用面积约 0.3m²）；在套内解决排风问题，产权独立，且构造简单，布置灵活。

烟气直排会轻微污染外墙，影响上层住户的空气新鲜，污染大气环境，但目前新型的直排式抽油烟机大多设计了侧吸，利用油烟分离板把油烟分离后再排出，缓解了对环境的污染问题。平衡式热水器的外壳是密封的，和外壳连成一体的排烟管做成内外两层，烟气从排烟管通向室外，热水器运行时氧气从室外通过排烟管外层供应，既不消耗室内空气，也不会污染环境。

5.2　现代整体卫浴

整体卫浴在 1964 年东京奥运会奥运村开始投入使用，2008 年北京奥林匹克公园的玲珑塔也使用了整体卫浴。现代整体卫浴，《装配式整体卫生间应用技术标准》（JGJ/T 467—2018）定义为"由防水底盘、顶板、壁板等组成的整体框架，配上各种功能的洁具及配件而形成的独立卫生单元，简称整体卫生间。"进一步诠释，现代整体卫浴是指用一体化防水底盘、一体化淋浴房、一体化卫生间、一体化洗面台、壁板、顶盖构成的整体框架，配以各种功能的配件，具有淋浴、如厕、洗漱、梳妆四大功能的独立空间（图5-2、图5-3）。

图5-2　整体卫浴

图5-3　吊运中的整体卫浴

现代整体卫浴是人们日常生活必需的私密空间，高品质生活是现代人的追求，所以现代整体卫浴除了要满足基本的四大功能外还要成为提升住户生活品质的时尚空间，要走高端、定制路线。

现代整体卫浴外壳是蜂窝复合墙板，它的构造就像一个保温瓶胆，分为"内胆"和"外胆"两层，所有水电管线全都敷设在两层之间（图5-4）。也正是由于内外胆的构造，非常方便地应用了不降板的同层排水技术，所有排水管道都布置在夹层内，楼上楼下开展任何改造维修都不会受到影响，正常情况下水流通过流水坡度在"内胆"排出，发生特殊情况时"外胆"托盘起保护作用，使渗漏保持在该部品内。

同层排水指的是本层的排水问题在本层解决，所有卫生间器具的排水

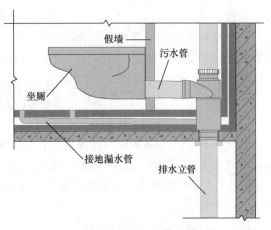

图5-4　现代整体卫浴部品应用
不降板同层排水技术示意图

管不穿越楼板至下层，而是沿墙而走，在同一楼层内敷设并与排水立管相连接，然后做一假墙，将管道和水箱都隐藏在其中。传统建筑采用的是隔层排水，其排水支管穿过楼

板，在下层住户的天花板上与立管相连，隔层管道通透楼板，连接处采用胶粘，因此有渗漏的隐患，容易造成卫生间异味和漏水。同层排水解决了上述问题，提升了居住品质。

整体卫浴在工厂预制，然后运抵施工现场，按设计位置进行吊装。施工现场预留结构接口和水、电、气接口，吊装时整体卫浴对准预留插口落稳，根据部品的说明书将相应的水、电、暖管线接口连接，分别接入冷、热、中水的给水与排水系统、供热的给水与排水系统、卫生间内各种用电回路、排风换气系统、智能化与信息化等弱电计量系统。连接调试无误后进行结构的干式连接，完成装配。《装配式整体卫生间应用技术标准》规定了整体卫浴的制作与运输、施工安装等内容，可参照执行。

现代整体卫浴装配完成后要做灌水和通水试验，确保灌水后各连接件不会渗水、漏水，整体卫浴地面无积水。

现代整体卫浴在与给排水、电气等系统预留的接口处均设置了检修口。

5.3 整体收纳

整体收纳是整体设计的能与墙体、家具有机地、艺术地融合成整体的一系列标准化、通用化的小型组装收纳部品，这些部品全部工厂化生产，然后打包运至现场，在现场装配。以住宅为例，由于各房间功能各异，加上个人偏好的不同，整体收纳部品的标准化、通用化设计较难实现。

目前市场上的整体收纳产品较少且不配套。整体收纳产品设计需要建立标准化、系列化的动态部品通用单元库。

以笔者的思考，存在一个符合标准模数的小柜，可称其为标准柜，标准柜可随意叠加组成隔断、壁橱、衣柜、床头柜、办公储物柜等，单独使用则可作为整理箱，放于边角空间，机动、灵活。这个标准柜应该是整体收纳最基本的单元，可根据标准图集确定尺寸，进行批量生产，人们只需要订购、配送到家后自助装配就可以了。

对于符合模数的标准柜，采用批量生产、自助装配的做法；对于专用柜，采用预约定制、统一安装的做法。

5.4 装配式内隔墙

真正的装配式内隔墙应该是整间板，也就是整面墙都是在工厂预制的大板，但目前市场上还没有这种板，只有条板，供装配式建筑选用的条板有蒸压轻质混凝土板（ALC 板）、灰渣混凝土空心板、石膏空心条板、玻纤增强无机材料复合保温墙板和轻型水泥夹芯复合墙板。

条板的价格略高于传统砌筑隔墙，接缝多，容易造成墙面开裂。

5.4.1 蒸压轻质混凝土条板

蒸压轻质混凝土板（Autoclaved Lightweight Concrete）简称 ALC 板（图 5 - 5），是以粉煤灰（或硅砂）、水泥、石灰等为主要原料，内部以经过处理的钢筋增强，经过高压蒸汽养护而成的多气孔混凝土成型板材,具有高强轻质、保温隔热、阻燃耐火、吸声隔声、多级承载、抗震环保、施工便捷、经济节约等优点。蒸压轻质混凝土条板可作内墙板,也可作外墙板。

1. 安装工艺流程

清理基面→放线定位→安装 U 形钢卡→选板和裁切→配制嵌缝石膏→板侧面抹石膏灰→立板,安装条板→检查板平整度、垂直度→安装角钢→板缝抹灰、板底塞缝。

2. 施工方法

1)清理基面。将准备安装条板的楼地面清扫、冲洗干净。

2)放线定位。按图纸尺寸和现场

图 5-5　ALC 条板内隔墙

定位轴线、标高线确定内隔墙位置,在楼地面上弹出墙边线,吊线锤将地面的墙边线引到顶板或梁下,顺便引到两端的框架柱上。

3)安装 U 形钢卡。根据顶板或梁下的墙边线及条板宽度确定 U 形钢卡(也可用 L 形钢卡)尺寸、U 形钢卡装在两块条板中间(卡住两边条板),用射钉固定(钢结构钻孔后用螺栓固定),卡内放入 1cm 厚聚苯泡沫板。聚苯泡沫板尺寸与钢卡内长、内宽相同,用胶水粘在卡内钢板上。

4)选板和裁切。选取尺寸合适的条板。ALC 板板内有加强钢筋,不适合裁切,所以要选择匹配的条板。

5)配制嵌缝石膏。在搅拌桶内倒入半桶清水,逐勺铲入石膏粉,等石膏粉盖满水,用桶内搅拌器搅拌 3min 即可使用。

6)板侧面抹石膏灰。清理板面,将条板两端侧面喷水湿润,然后在先粘结的一面抹上石膏灰,准备与完成安装的条板粘结。

7)立板,安装条板。将侧面抹了石膏灰的条板立起来,推送进 U 形钢卡内,与前一条板挤紧,挤出石膏灰,条板底端塞入木楔,使上端挤紧聚苯泡沫板。

8)检查板平整度、垂直度。用 2m 靠尺检查刚立起来的条板的平整度,再用水平尺检查板的垂直度,有偏差时进行微调。

9)安装角钢。两端的框架柱与相邻的条板用角钢加强固定,角钢间距为 500mm,角钢一端用膨胀螺栓固定在柱子上(钢柱钻孔后用螺栓固定),另一端用射钉固定在条板上,然后在两块条板之间的板缝打入钢插片进行拉结。

10)板缝抹灰、板底塞缝。两块条板之间的缝用砂浆抹灰;清扫板底端周边,冲洗干净,条板底端与楼地面之间填塞细石混凝土,7 天后抽去木楔,再将木楔处填塞细石混凝土。

5.4.2　灰渣混凝土空心条板及石膏空心条板

灰渣混凝土空心条板是以水泥为胶凝材料，以灰渣为集料，以纤维或钢筋为增强材料，断面为多孔、侧面为企口的冷加工板材（图 5-6）。

石膏空心条板是石膏板的一种，是以建筑石膏为基材，掺以无机轻集料、无机纤维增强材料而制成的空心条板（图 5-7）。

图 5-6　灰渣混凝土空心条板

图 5-7　石膏空心条板

这两种条板的安装工艺相同。

1. 安装工艺流程

定位放线→清理基面→空心板侧边清理→安装第一块空心板→依次安装其他空心板→检查墙面平整度、垂直度→墙面电盒开孔及机电管线安装作业→板缝处理。

2. 施工方法

1）定位放线。根据施工平面图和测量控制线把墙边线弹在楼地面上，并标好门窗的位置。

2）清理基面。将准备安装空心板的楼地面清扫、冲洗干净，用湿布清洁柱面、楼板底面或框架梁底面相应部位，空心板安装前 30min 在相应部位涂刷专用界面剂，晾干。

3）空心板侧边清理。空心板安装前将每块板侧边清洁擦拭后涂刷专用界面剂，晾干备用。

4）安装第一块空心板。基层及空心板侧边、顶部涂抹黏结剂，将空心板对准墙边线后立板，妥当地将空心板上企口的榫头与榫槽相互配接，使用 2m 靠尺和撬棍调校墙面的垂直度及平整度，空心板下部用木楔挤紧，起临时固定的作用。再次检查墙板垂直度及平整度且合格后，安装 L 形钢卡，用射钉将 L 形钢卡固定在空心板上部及梁（板）上，挤紧空心板。将挤出板缝的黏结剂压进板缝内。

5）依次安装其他空心板。按照第一块板的安装方法依次安装后续空心板，在空心板安装完毕后24h之内，用1∶2干硬性水泥砂浆填实板底端与楼地面之间的缝隙，7天后撤出木楔，填实孔洞。

6）检查墙面平整度、垂直度。用2m靠尺检查刚立起来的板的平整度，再用水平尺检查板的垂直度，有偏差时进行微调。已安装的墙板应稳定、牢固。

7）墙面电盒开孔及机电管线安装作业。墙板安装完成7天后方可在隔墙板上进行电盒开孔和机电管线安装，完成安装后应采用1∶3水泥砂浆封补。

8）板缝处理。墙板安装完成7天后在墙板接缝处粘贴嵌缝带。

5.4.3　玻纤增强无机材料复合保温墙板

玻纤增强无机材料复合保温墙板是以玻璃纤维增强无机板为两侧面板、以保温隔热材料（聚苯板、岩棉、泡沫混凝土等）为芯材的复合墙板（图5-8）。

玻纤增强无机材料复合保温墙板的施工步骤是：放线→运板→装板→切板→涂抹黏结剂→校对→固定墙板→粘贴嵌缝带→上浆。其施工方法类似于蒸压轻质混凝土条板，这两种板都可以用U形或L形钢卡固定，可参考上文所述方法。

图5-9所示是玻纤增强无机材料复合保温墙板安装L形钢卡的情况，图5-10所示是施工中的玻纤增强无机材料复合保温墙板。

图5-8　玻纤增强无机材料复合保温墙板

图5-9　复合保温墙板安装L形钢卡

图5-10　施工中的玻纤增强无机材料复合保温墙板

5.5　架空地板与地暖

架空地板又称为耗散型静电地板，是由支承脚、横梁、面板组装而成的一种地板（图5-11），地面和地板之间有一定的架空空间，可以用来隐藏管线、空调送风等。当架空地板的支架接地或连接到任何较低电位点时，能耗散地板上的静荷，因此在计算机机房、数据机房等有静电产生的场所广泛应用。

图5-11　架空地板

架空地板是一种模块化的组装地板，工厂化生产，现场干式铺装，目前其应用已经不局限于机房，现代装配式建筑中也在广泛应用。

（1）对铺装场地的要求

1）地板的铺设应在室内土建及装修完成后进行。

2）基层地面应平整、清洁、干燥、无杂物、无灰尘。

3）布置在地板下的电缆、电器管线及空调系统等已经安装完成。

4）重型设备的基座固定已经完工，设备已经安装在基座上，基座高度同地板板面齐平。

（2）安装工具

红外线水平仪、锤子、十字螺丝刀、卷尺、防护眼镜、切割机等。

（3）安装工艺流程

放线→安装支承脚→调整支撑脚标高→安装横梁→面板安装→收边处理→安装封口板→安装踏步→收边→清理和保护。

（4）施工方法

1）放线。在要铺设架空地板的地面上根据架空地板的排板图和现场的轴线位置放出架空地板的地面分格线。

2）安装支承脚。用锚固螺栓将支撑脚逐个牢固地安装在底层地板上。

3）调整支撑脚标高。根据地面标高情况调整支撑脚的高度。

4）安装横梁。从入口处开始向里安装横梁。

5）面板安装。每安装完一个单元的横梁就可以安装一块饰面板。半块板的切割不能在正在施工的房间内进行。

6）收边处理。从入口处向里安装饰面板，到里边出现非整板的情况时，先安装完整一边的横梁，然后量出另一边非完整横梁的长度，切割、安装非完整横梁，同样地量出非整板饰面板的尺寸，进行切割，铺设非整板。非整板应紧靠墙壁，不能有松动或响声。

非整板的切割不能在正在施工的房间进行。

7) 安装封口板。从外向里看可以看到架空层，要在入口处用封口板将架空层封住。测量封口板处地坪至面板底面高度，切出这个高度的面板，垂直安放在入口处的口子，封住口子，并在封口板四周打上结构胶，固定封口板。

8) 安装踏步。封口板一部分是入口踏步的踢脚板，调整入口处支撑脚的高度至合适的踏步高度，安装踏步横梁，切割踏步面板及其踢脚板。

9) 收边。安装完毕以后，在门口处放置 3cm×4cm 的"7"字形铝合金收边条，并固定在门口的角上。

10) 清理和保护。铺设后的架空地板用真空吸尘器全面清扫，用塑料布覆盖严密，防止灰尘的进入和人为损坏。

(5) 干式铺设地暖

有些地方需要铺设地暖，干式地暖是在架空地板上铺设的，由聚苯乙烯泡沫板（地垫）、铝箔胶带、铝塑复合管、导热铝箔组成，在导热铝箔上铺装装饰层，如图 5-12 所示。

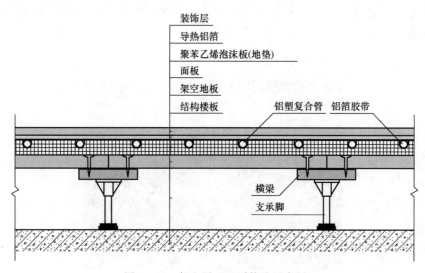

图 5-12　架空层＋地暖构造示意图

1) 聚苯乙烯泡沫板（地垫）铺设。按照现场的实际尺寸裁切聚苯乙烯泡沫板，满铺在架空地板上。

2) 铝塑复合管铺设。在聚苯乙烯泡沫板的凹槽内先贴上铝箔胶带，随即将铝塑复合管敷在铝箔胶带上，用脚踩入聚苯乙烯泡沫板的凹槽内，使铝塑复合管嵌入凹槽。最好空一行敷管，以免转弯太急，造成铝塑复合管死弯。

3) 导热铝箔层铺设。按照现场的实际尺寸裁切导热铝箔，满铺覆盖聚苯乙烯泡沫板，两张导热铝箔要搭接 100mm，接缝用铝箔胶带粘结。

4) 分（集）水器安装。分（集）水器安装在墙上，水平布置，分水器在上，集水器在下，相距 200mm，集水器高出地面装饰层应大于 300mm。铝塑复合管连接分（集）水器前安装卡箍式自锁管头，将管头插入分（集）水器后拧紧锁母（图 5-13）。

5）装饰层铺设。在管道压力试验合格后及时铺设面层装饰层。

图 5-13　分（集）水器安装

5.6　集成吊顶

现在的吊顶其实大部分已经是集成吊顶，本节所说的"集成"，是指将照明、排气、空调、取暖等设施做成和扣板相同模数的模块，与扣板模块一起组成统一的整体吊顶（图 5-14）。

图 5-14　集成吊顶

集成吊顶不仅用在厨房、卫生间及阳台，客厅、卧室、书房、餐厅、过道及会所、宾馆等场所也可以应用。

集成吊顶的核心理念是模块化、工业化，照明模块、换气模块、空调模块、取暖模块等统一模数、独立开发、自由组合，所有模块都在工厂预制，或个性化定制，现场进行专业安装。

（1）铝扣板集成吊顶的组成

1）主件，包括铝扣板、照明灯、换气扇、空调机、取暖器。

2）配件，包括轻钢主龙骨、副龙骨、主龙骨大吊钩、副龙骨三角吊件、副龙骨三角吊钩、丝杆、收边条、膨胀螺丝。

3）辅料，包括钢钉、普通钉、木螺钉、小木条。

（2）安装工具

电钻、电锤、切割机、等边直角尺、卷尺、不锈钢直尺、水平尺、十字螺丝刀、一字螺丝刀、钢丝钳、榔头。

（3）铝扣板集成吊顶的安装步骤

1）测量放线。在吊顶房间四周放出水平控制线，根据集成吊顶的施工图和现场实际情况确定吊顶的安装位置和顶棚吊点位置，确定各种模块的安装位置和摆放方向。

2）收边条的安装。一般吊顶都是在墙面装修完成后才进行，根据水平控制线量出安装收边条的位置，在墙面上画出来，然后用卷尺量出四边需要收边条的长度，按该长度裁切四边的四根收边条，用等边直角尺量每根收边条的两头，画记号，把两头裁成45°角，再用钢锉锉掉毛边，试接，接口对齐，不能有缝隙，然后备用。如果墙角不是90°，要对修边条进行修剪或用锉刀挫合。在收边条的直边中间位置用可调速的电钻由慢而快打孔，深度同小木条长度，孔内打入小木条塞平，每隔约30cm打一个孔，将处理好的收边条沿线放在画出来的位置上，在有孔的地方打入钢钉，收边条就被固定了。

3）顶棚打孔。顶棚打孔的位置和数量根据施工图纸确定，按照测量确定的吊点位置用电钻进行打孔，孔的深度和膨胀螺栓长度相同。

4）主龙骨的安装。按量出来的实际长度切好主龙骨备用，测量收边条与顶棚之间的高度，按这个高度减去6cm的长度切割丝杆。切割出来的丝杆一端先拧入 M8 六角螺母，再拧入膨胀螺丝，拧到顶住六角螺母；另一端先拧入六角螺母到合适位置，套进大吊钩，再拧一个六角螺母，大吊钩用于悬挂主龙骨。将膨胀螺丝敲进顶棚孔内，用扳手拧紧，使膨胀螺丝完全膨胀牢固，把主龙骨装进大吊钩，出现高低不平时可调节丝杆上的螺母，使主龙骨保持水平。

5）副龙骨的安装。副龙骨用于安放铝扣板或各种模块。按量出来的实际长度切割好副龙骨，副龙骨与主龙骨的交叉位置扣上三角吊件，通过三角吊件把副龙骨扣在主龙骨上。

6）扣板的安装。扣板的安装按照"地方包围中央"的顺序，电器等各种模块先不安装，临时用铝扣板代替，戴上干净的手套，按顺序扣上铝扣板。

7）电器模块等的安装。在确定铝扣板安装无误后，将各个电器或其他模块对应位置的铝扣板取下，先在电器或其他模块的四个角安装卡扣，再把电器或其他模块卡在副龙骨上，接通各种线路，通电测试，符合要求后扣上电器或其他模块的面板就可以了。需要接电的模块要预留足够长的电源线，由专业安装工人安装。

8）打密封胶。所有扣板及模块都扣好后，用密封胶将边角封起来，起到加固和防水的作用。

第6章

被动式超低能耗建筑建造技术

高速发展的城市化、迅速崛起的高楼大厦书写着现代人类的文明，然而日益严峻的生态环境形势开始困扰着社会发展，建设节约型社会，节能、环保、可持续发展必须成为现代社会的主旋律。

被动式超低能耗建筑是指适应气候特征和自然条件，采用具有较好的保温隔热性能和建筑气密性围护结构，运用高效新风热回收技术，最大限度地降低建筑供暖供冷需求，并充分利用可再生能源，以更少的能源消耗提供舒适的室内环境，且能耗指标、气密性指标和室内环境参数满足标准要求的建筑。

能耗指标、气密性指标和室内环境参数需要考虑当地的气候条件、日照时间、建筑物朝向、体形系数、建筑功能等确定，目前我国还没有统一的标准，暂时执行 2015 年 11 月 10 日住建部颁布的《被动式超低能耗绿色建筑技术导则（试行）》中的技术指标，如表 6-1 所示。

表 6-1 被动式超低能耗绿色建筑能耗指标[①]和气密性指标

气候分区		严寒地区	寒冷地区	夏热冬冷地区	夏热冬暖地区	温和地区
能耗指标	年供暖需求（kWh/m²·a）	≤18	≤15	≤5		
	年供冷需求（kWh/m²·a）	≤3.5+2.0×WDH_{20}[②]+2.2×DDH_{28}[③]				
	年供暖、供冷和照明一次能源消耗量	≤60kWh/m²·a（或 7.4kgce/m²·a）				
气密性指标	换气次数 N_{50}[④]	≤0.6				

室内环境参数	冬季	夏季
温度（℃）	≥20	≤26
相对湿度（%）	≥30[⑤]	≤60
新风量（m³/h·人）	≥30[⑥]	
噪声［dB(A)］	昼间≤40；夜间≤30	
温度不保证率	≤10%[⑦]	≤10%[⑧]

注：① 表中 m² 为套内使用面积。

② WDH_{20} 为一年中室外湿球温度高于 20℃时刻的湿球温度与 20℃差值的累计值（单位为 kKh）。

③ DDH_{28} 为一年中室外干球温度高于 28℃时刻的干球温度与 28℃差值的累计值（单位为 kKh）。

④ N_{50} 即在室内外压差 50Pa 的条件下每小时的换气次数。

⑤ 冬季室内湿度不参与能耗指标的计算。

⑥ 人均建筑面积取 32m²/人。

⑦ 当不设供暖设施时，全年室内温度低于 20℃的小时数占全年时间的比例。

⑧ 当不设空调设施时，全年室内温度高于 28℃的小时数占全年时间的比例。

根据表 6-1 中的各项指标，可以认为被动式超低能耗建筑具有以下特征：

1）超低能耗建筑全年的室内温度控制在 20～26℃，波动不大，冬暖夏凉，即使在严寒地区的冬日，室内温度也能达到 20℃，夏季相对湿度保持在 60% 以下，不会有闷热感。

2）超过 $30m^3/h \cdot$ 人的新风量极大地排除了二氧化碳、异味、雾霾对室内环境的污染，保证了极高的室内空气质量。

3）在室内外压差 50Pa 的条件下每小时的换气次数不足 0.6 次，建筑的气密性非常好，如同给建筑穿了一件抗风保暖的外衣。

4）年供暖、供冷和照明一次能源消耗量≤60kWh/$(m^2 \cdot a)$（年平均每平方米建筑面积不超过 60 度电），能耗超低，如果按节能率计算，节能率达到 90% 以上。

概括来说，被动式超低能耗建筑是因地制宜、节能的舒适建筑。

被动式超低能耗建筑的设计、建造及使用理念就是因地制宜、节能和舒适，以表 6-1 为约束目标，通过极大幅度地提高外围护结构的热工性能和气密性能，利用高效的新风热回收技术，将自然通风、自然采光、太阳能辐射、室内非供暖热源得热等各种被动式节能手段，采用最佳的节能技术进行组合，最大限度地降低对主动能源消耗（机械采暖、机械制冷）的依赖，从而降低建筑使用能耗，并且使室内居住环境的舒适性显著提高。

可以说，建造被动式超低能耗建筑的重点是三大保障措施：一是非常好的隔热性，二是非常好的气密性，三是超低能耗。

被动式超低能耗建筑源自被动房，被动房是于 20 世纪 80 年代在德国低能耗建筑的基础上建立起来的。1991 年在德国的达姆施塔特建成了第一座被动房建筑，在其建成至今的二十多年里一直按照设计的要求正常运行，取得了很好的效果。被动房在中国的首次亮相是在 2010 年上海世博会上德国馆的汉堡之家，是国内第一家获得被动房认证的被动式建筑，世博会之后永久保留。

我国非常及时地推广应用了被动房建筑，在借鉴世界先进被动房建造技术的前提下，根据我国各地的地理条件、气候环境的特点，具有中国特色的被动房——被动式超低能耗建筑已经在各地推广应用，成为建筑节能和现代房屋建造的发展趋势。

我国的被动房认证目前由住房和城乡建设部科技与产业化发展中心和德国 PHI 合作展开。

6.1 解决方案

6.1.1 设计

1）设计时应在建筑布局、朝向、体形系数和使用功能方面体现被动式超低能耗建筑的理念和特点，并注重与气候的适应性。严寒与寒冷地区冬季以保温和获取太阳得热为主，兼顾夏季隔热遮阳的要求；夏热冬冷和夏热冬暖地区以夏季隔热遮阳为主，兼顾冬季的保温要求；过渡季节能实现充分的自然通风。

2）被动式超低能耗建筑应结合不同气候区建筑热工性能参考值，综合考虑当地技术经济条件，以约束值为目标进行方案设计，通过建筑能耗模拟分析对建筑设计方案进行优化。

3）研究和制定合理的新风处理方案，并进行气流组织的优化设计。

4）高保温隔热性能外围护结构。超低能耗的前提是建筑的高保温隔热性能，围护结构要使建筑与外界没有热交换。建筑围护结构主要由外墙、屋面、地面、门窗组成，保障其保温隔热性能是被动式超低能耗建筑设计与建造中最为重要的技术措施。

外墙在采用导热系数较小的外墙板的基础上设置双层错缝的石墨聚苯板作外保温；屋顶采用导热系数小的憎水型珍珠岩轻质混凝土找坡，并采用挤塑聚苯板作屋面保温材料；首层地面采用挤塑聚苯板作保温；外门窗采用被动门窗。

5）无热桥节点设计原则。建筑围护结构中热流密度大的部位成为内外热交换的桥梁，称为热桥。热桥对建筑的保温隔热性影响非常显著，因此必须对超低能耗建筑外围护结构进行无热桥设计。无热桥设计要符合《被动式超低能耗绿色建筑技术导则（试行）》的规定。无热桥施工的重点是外墙和屋面的保温、外门窗的安装及与墙体连接部位的处理，以及外悬挑结构、女儿墙、穿外墙和屋面的管道、外围护结构上固定件的安装等部位的处理。

尽可能不要破坏或穿透围护结构，当管线等必须穿透外围护结构时，应在穿透处增大孔洞，保证有足够间隙进行密实无空洞的保温处理。保温层在建筑部件连接处应连续无间隙，外立面避免结构的变化，减少散热面积。

6）气密性。设计一个包裹整栋建筑围护结构的气密层。

7）选用高效新风热回收系统。

8）外遮阳。为进一步降低建筑制冷能耗，可以在建筑的东西向设置活动式外遮阳，在南向设置固定式外遮阳。

6.1.2 施工

1）被动式超低能耗建筑的施工不同于传统做法，施工工艺更加复杂，对施工质量要求更加严格，应该选择施工经验丰富、技术能力强的专业队伍承担。

2）专业队伍应针对热桥控制、气密性保障等关键环节制订专项施工方案，绘制大样图，通过细化施工工艺、严格过程控制保障施工质量。

3）被动式超低能耗建筑的室内装修应尽量简单，并由施工方一体进行，以避免装修对建筑围护结构热工性能和气密性的损坏，以及对新风气流组织的影响。室内装修应使用无污染、环境友好型材料和部品。

4）施工期间应对典型房间进行气密性抽查，外围护结构和气密层施工完成后应进行建筑气密性检测，并达到《被动式超低能耗绿色建筑技术导则（试行）》的气密性指标要求。

6.1.3 使用

针对被动式超低能耗建筑的特点编制运行管理手册和用户使用手册，强调人的行为对节能运行的影响，培养用户的节能意识，并指导其正确操作，实现节能目标。

6.2 外围护结构的保温隔热施工

建筑外围护保温隔热的机理是采用具有对热流有显著阻抗性的材料或材料复合体包裹外围护结构，包裹的材料起防止建筑物内部热量损失和隔绝外界热量传入的作用。

6.2.1 外墙

外墙保温隔热材料采用石墨聚苯板，这种板被称为"被动房小棉袄"。这种板是在聚苯乙烯原材料里添加了石墨颗粒，石墨颗粒可以像镜子一样反射热辐射，并且其中含有可以大幅度提升保温隔热性能的红外线吸收物，从而减少建筑的热损失。其导热系数 $\lambda = 0.033 \mathrm{W/(m \cdot K)}$，非常低，非常适合作为被动房建筑的外墙。

施工时采用聚合物粘结砂浆和铆钉将石墨聚苯板粘贴在外墙外侧，然后采用聚合物抗裂砂浆复合耐碱玻璃纤维网格布作为罩面层，起到防渗、抗裂的作用，最后在罩面层上根据设计需要做装饰面层。

（1）构造

1）外墙挂网抹灰找平，经过质量验收，具备外墙保温隔热层施工条件。

2）外墙保温隔热层是双层错缝的石墨聚苯板，第一层是 100mm 厚的石墨聚苯板粘贴，采用点粘贴，在每层窗口上 500mm 处设置 450mm 宽的岩棉防火隔离带，第二层也是 100mm 厚的石墨聚苯板粘贴，和第一层错缝 100mm，在窗口处采用刀把板防止开裂。

3）在粘贴砂浆满足强度要求后，按照每平方米不少于 6 个加铆固钉，钉长295mm，铆入墙面 50mm。铆钉具有断热桥的功能。

4）分两层挂网抹灰，第一层抹灰厚 8mm，第二层抹灰厚 5mm，防止墙面开裂。

5）外墙饰面施工。

外墙保温隔热做法如图 6-1 所示。

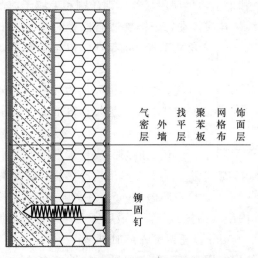

图 6-1 外墙保温隔热做法示意图

（2）材料

石墨聚苯板，常用规格是（900～1200）mm×600mm，厚度为100mm，密度为18～20kg/m³；托架，石墨聚苯板安装的起步装置；密封带，用于密封接缝。此外还有滴水线条、伸缩缝线条、门窗边连接条、阳角护角条等。所有的材料要分类挂牌存放。石墨聚苯板一定要水平放置，远离火源，同时避免太阳暴晒，防雨防潮。

（3）工具

电动搅拌机，搅拌聚合物砂浆（胶浆）；锯齿抹刀，用于抹胶浆；冲击钻，铆固钉打孔用；阴阳角抹子，阴阳角抹面施工；搓抹子，打磨聚苯板；抹子，用来抹胶浆；电热丝切割机，用来切割聚苯板；开槽器，用于聚苯板面分隔缝开槽；美工刀，用于切割网格布和聚苯板；压子，用来压实聚苯板；电动螺丝刀，用来安装螺钉；墨斗，用来弹线；2m靠尺，用来检查平整度；塞尺，用来检查间隙大小；剪刀，用来裁剪网格布；直角尺，用来检查阳角；卷尺，用来丈量距离。

（4）天气条件

施工期间及施工结束后24h内，基层及环境温度不得低于5℃，5级以上大风及雨雪天不得施工，夏季应避免阳光暴晒。如果作业到一半遇到下雨，要保护好正在作业的墙体，提前准备好防雨用具，防止雨水冲刷墙面。施工现场随时关注天气预报。

（5）石墨聚苯板的安装

1）施工流程。复核检查→墙面清理→墙面测量、弹线、挂线→安装托架→铺设聚苯板→聚苯板表面打磨、找平→涂抹抹面胶浆→铺压耐碱玻纤网格布→饰面层施工。

2）复核检查。复查墙面的平整度和垂直度，并检查门窗边及预埋件是否安装完毕，门窗洞口尺寸、位置等是否满足质量要求。门窗框应安装完毕，并已预留出聚苯板的厚度，外墙伸出墙面的水落管、消防梯、穿墙管道、空调口预埋件、连接件等应安装完毕。

3）墙体清理。墙面表面应坚固、平整、干燥，无浮灰、无油污、无藻类、无粉化和盐霜。对于墙面大于1cm的不平整处，应预先使用砂浆进行找平；对于墙面大于1cm的凸起及酥松部位和尘土，可使用板斧、钢丝刷和毛刷予以清除。

4）墙面测量、弹线、挂线。在每个楼层适当位置的墙面弹出水平控制线，在四个角挂垂直基准钢线，以控制聚苯板的垂直和平整度。

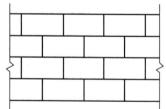

图6-2　聚苯板的排列及错缝

5）安装托架。施工前应根据聚苯板材的规格进行排板，并确定锚固件的数量及安装位置。两层聚苯板之间应错缝1/2板长，自下而上沿水平方向横向铺贴，如图6-2所示。

近地的第一皮聚苯板应安装水平铝合金托架作为起步。为保证不出现冷热桥，托架的位置要求低于地下室顶板底面30cm。在调整托架水平以后，划出托架锚栓的位置，然后钻孔，孔内敲入锚栓的套管，最后安上托架并拧上锚栓的螺钉。考虑到聚苯板是双层，厚度达到200mm，托架下方可加斜撑。

6）铺设聚苯板。使用专用现拌胶黏剂粘贴，搅拌桶内放入定量的水，将专用胶黏剂粉逐匀放入水中，用手持电动搅拌器搅拌至均匀状态，静止 5～10min，再次搅动后就可以使用了。

保温板的粘贴方法有点框粘法和条粘法两种，聚苯板采用点框粘法。点框粘法是用钢抹子沿聚苯板背面的四周涂抹胶浆，宽度为 50mm，板的中间均匀设置 8 个直径 100mm 的粘结点，厚 10mm，胶浆的涂抹面积不得小于 40%，如图 6-3 所示。按防火要求，聚苯板每隔一定高度要用岩棉隔开，作为防火隔离带。岩棉的粘贴用条粘法，使用锯齿抹刀在岩棉板背面施涂胶浆。

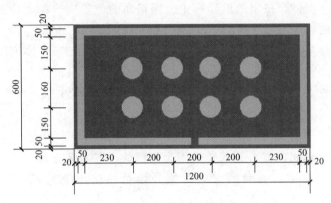

图 6-3 点框粘法涂抹示意图

将涂有胶黏剂的聚苯板按压于墙体表面，并调整，使其紧贴相邻的聚苯板。按压聚苯板产生的边缘胶黏剂应及时清理。

聚苯板的固定方式是粘贴加铆固钉，在粘贴的基础上加若干铆固钉加固聚苯板。铆固钉由高强超韧尼龙或塑料精制而成（图 6-4），用量为每平方米 10 层以下约 6 个，10～18 层 8 个，19～24 层 10 个，24 层以上 12 个，其布置如图 6-5 所示。窗口的四个边角部位为了防止对角线裂缝的出现，要求采用整板切割成 L 形（刀把板）。阳角部位的聚苯板涂胶浆时，应注意预留不需要涂胶的宽度并注意竖向板缝要交错。

粘贴后的聚苯板应平整、垂直于水平面，可以用模板或塑料板轻轻压平。

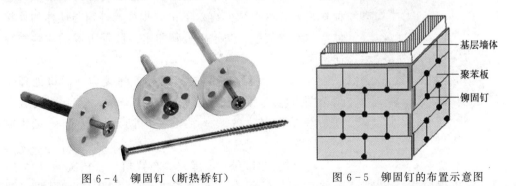

图 6-4 铆固钉（断热桥钉）　　图 6-5 铆固钉的布置示意图

7) 聚苯板表面打磨、找平。聚苯板固定后需要静置 24h 才能进行打磨。打磨用专用的搓抹子将板边的不平之处磨平，消除板间接缝的高低差。打磨时散落的碎屑随时清理干净。板缝间隙超过 1.6mm 时应切割聚苯板条填实后磨平。

8）涂抹抹面胶浆。窗口对角线部位等变化部位的抹浆应加强处理，对角线部位涂抹一层抹面胶浆后，嵌入箭形耐碱玻璃纤维网格布，刮去网格布上多余的胶浆；阳角部位的两侧，涂抹上一层抹面胶浆后，嵌入角形耐碱玻璃纤维网格布，刮去网格布上多余的胶浆。

加强处理部位的胶浆凝固后，便可将胶浆大面积平抹在聚苯板表面，厚度控制在3~5mm。

9）铺压耐碱玻纤网格布。大面积胶黏剂涂抹后及时将耐碱玻璃纤维网格布压入抹面胶浆中，并把从网格布挤出的胶浆抹平。网格布的位置应确保在抹面胶浆的中间偏上，但抹面胶浆的表面不可看到网格布的痕迹。

网格布应延伸至铝合金托架底边的边缘，多余的部分用工具刀切除。两幅网格布之间应该搭接，搭接宽度至少为10cm。

10）饰面层施工。当抹面胶浆固化后即可进行饰面层的施工。

6.2.2 外门窗

外门窗采用被动式门窗，其安装采用无热桥的内嵌安装方式，妥当处理门窗框和结构收面间存在的缝隙。被动门窗的内侧外墙粘贴防水隔气膜，外侧粘贴防水透气膜。

1．被动窗

被动房的外窗可选择断热桥铝合金窗和铝包木被动窗两种，铝包木被动窗比断热桥铝合金窗价格略高，但保温效果更好。铝包木被动窗由保温窗框、窗扇、三玻两腔充氩气低辐射涂层（从外向里数玻璃面，第二和第五个面有低辐射涂层）、暖边条玻璃、玻璃间隙保温组成（图6-6）。

图6-6 铝包木被动窗

1）安装位置。被动窗安装是被动式超低能耗建筑无热桥施工最重要的一个节点。与普通房屋外窗一般安放在窗洞口内有所不同的是，被动窗一般安装在外墙外侧。这种安装方式可以减少约20%的热损失，外窗与墙体的连接处有防水透气膜、防水隔气膜和密封胶等组成的完整密封连接系统。

2）安装流程。核实洞口尺寸、弹线等→洞口处理→预粘贴室内防水隔气膜→角件安装→被动窗上墙安装→粘贴室外防水透气膜→粘贴室内防水隔气膜→安装窗台板。

3）核实洞口尺寸、弹线、布置角件。核实洞口尺寸，弹线确定角件位置。角件沿窗洞口布置，间距不超过750mm，打孔位置距洞口边150mm。洞口下侧因要承重，不布置角件，改为安装两个特制的防腐木方（图6-7）。

4）洞口处理。清理洞口外表面上的浮尘、污渍、油渍、泛碱等，确保干净、平整、光洁，然后精修洞口。表面凹凸明显的部位应铲平或用水泥砂浆找平，确保洞口的平整度、垂直度及阴阳角尺寸符合设计要求，否则，窗户外挂时窗框与墙体之间易产生可见缝隙，从而无法保证窗户的气密性。

5）预粘贴室内防水隔气膜。在被动窗窗框表面粘贴室内侧防水隔气膜，隔气膜宽度方向应超出窗框边缘 5mm，首尾连接处重叠 50mm 以上。粘贴过程中应保证防水隔气膜顺直、平整、无褶皱。粘贴完毕后，四角使用美纹纸粘贴固定，防止上墙时发生剐蹭。

由于防水隔气膜具有自膨胀特性，过早粘贴会失去其自膨胀密封空隙的效果，所以防水隔气膜在被动窗上墙前半小时内进行粘贴。

6）角件安装。利用红外线测量仪定位角件、防腐木方位置，标记打孔位置，打孔，用膨胀螺栓将角件固定在墙体上，角件与墙之间应使用厂家配套的隔热垫片隔断。

7）被动窗上墙安装。整窗上墙，上墙后调

图 6-7　角件布置

整水平和垂直度。固定被动窗时尽可能保证窗框紧压墙体，保证窗框与墙体接触面间不存在可见空隙，然后用镀镍自攻螺钉将窗框与角件连接，并利用红外线测量仪和靠尺检测窗框平面内和平面外平整度。

8）粘贴室外防水透气膜。固定被动窗妥当以后，在窗框与墙体交接处粘贴室外侧防水透气膜，先下侧再左右两侧，最后粘贴上侧。角件处室外防水透气膜不能一次覆盖，采取打补丁的方式进行补贴，各边超出角件边缘不超过 30mm。

9）粘贴室内防水隔气膜。室内侧清理窗台，将预粘贴在窗框上的内侧防水隔气膜粘贴在墙体上，不宜过于紧绷，并保证角部没有空鼓。

10）安装窗台板。窗台板安装前粘贴双面胶条。将窗台板与窗框型材固定时应使用不锈钢自攻螺钉，螺钉间距 300mm，距边缘 150mm。

2. 被动门

外门是围护结构的薄弱环节，但到目前为止国内被动门产品还较少，其研发有待进一步发展。

被动式超低能耗建筑对被动房的要求是：①在各种气候条件下均保持良好的形状稳定性；②在持久荷载下的站立稳定性；③最低门槛；④操作简单；⑤符合造型要求；⑥防盗；⑦防火。

被动窗在关闭状态下可以通过五金件与密封条压紧锁定，而被动门只有锁舌一个固定点，所以被动门必须具有非常好的持久形状稳定性。

门扇总是要开启的，不可能不对外"交流"，所以笔者认为真正的被动门应该是多重门，配备入门通道，但多重门不能同时开启。

6.2.3 屋面

被动式超低能耗建筑屋面保温隔热材料采用挤塑聚苯板。挤塑聚苯板是聚苯乙烯树脂辅以聚合物，在加热混合时注入催化剂而后挤塑成型的，具有连续性闭合结构，其导热系数为 0.028~0.03W/(m·K)，优点是抗压性好、吸水率低、轻质、耐腐蚀、抗老化。

屋面除了要解决保温隔热问题，还要解决防水问题和隔气问题，选用铝箔自粘沥青防水卷材则非常合适。该卷材以玻纤毡为胎基，浸涂改性沥青，沥青表面用压纹铝箔贴面，底面撒布矿物粒料或覆盖聚乙烯膜制成，具有防水、隔热、保温、隔气、光热反射功能，太阳辐射吸收系数极低（0.07），既解决了防水和隔气问题，又解决了与基层的粘结问题，是被动式超低能耗建理想的屋面用材。

被动式超低能耗建筑屋面一般采用如下构造做法：

1) 结构屋面用 1：2.5 水泥砂浆找平。

2) 30mm 厚（最薄处）1：6（重量比）水泥憎水型膨胀珍珠岩找坡层。

3) 20mm 厚 1：2.5 水泥砂浆找平层。

4) 铝箔自粘沥青防水卷材一道。

5) 双层 110mm 厚挤塑聚苯板错缝铺设，缝宽大于 2mm，用发泡胶填塞。

6) 30mm 厚 C20 细石混凝土保护层。

7) 铝箔自粘沥青防水卷材一道。

8) 0.4mm 厚聚乙烯膜一层。

9) 40mm 厚 C20 细石混凝土保护层。

6.2.4 其他构造做法

（1）地面

1) 阻断独立基础和条形基础的热桥。

2) 150mm 厚 C15 刚性混凝土地面。

3) 素水泥浆扫毛后 20mm 厚 1：3 水泥砂浆找平。

4) 4mm 厚 SBS 改性沥青防水卷材一道。

5) 0.4mm 厚塑料膜浮铺。

6) 双层 100mm 厚挤塑聚苯板错缝铺设。

7) 0.4mm 厚塑料膜浮铺。

8) 40mm 厚 C20 细石混凝土保护层。

（2）外遮阳

为进一步降低建筑制冷能耗，通常在建筑的东西向设置活动式外遮阳，南向设置固定式外遮阳。

（3）分户墙

两次粘贴 2mm 以纳米级气相二氧化硅为芯材制作的真空绝热板，其保温性能相当于 20cm 厚的聚苯板。

（4）地下室外墙

采用泡沫玻璃砖砌筑。这种材料是以废旧玻璃为主要原料，通过先进技术加工而成的，具有重量轻、导热系数小、憎水性强、耐腐蚀、不燃烧、不霉变等优点。

6.3　气密性保障

气密性保障应贯穿整个施工过程，在施工工法、施工程序、材料选择等各环节均应考虑，尤其应注意保温层的接缝、外门窗安装、围护结构洞口部位、砌体与结构间缝隙及屋面檐角等关键部位的气密性处理。施工完成后应进行气密性测试，及时发现薄弱环节，改善补救。

（1）保温层拼接接缝

超低能耗被动房的保温层厚度是普通建筑的2倍以上，如果一次性采用厚实的保温板，板缝的深度将会很深，不利于保温和气密性，因此宜采用较薄的保温板叠加构成保温层，叠加的保温层相互错缝，如图6-8所示，这样就大大降低了板缝深度，并避免板缝的直通，提高了保温性能，保障了气密性。

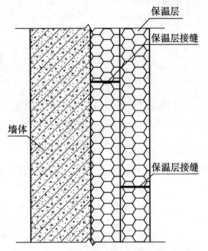

图6-8　叠加保温层错缝相接

（2）外门窗安装部位

1）窗框与结构墙面结合部位是保证气密性的关键部位，在粘贴室内防水隔气膜和室外防水透气膜时要确保粘贴牢固严密。支架部位要同时粘贴，不方便粘贴的靠墙部位可抹粘结砂浆封堵。

2）在安装玻璃压条时要确保压条接口缝隙严密，如出现缝隙应用密封胶封堵。外窗型材对接部位的缝隙应用密封胶封堵。

3）门窗扇安装完成后，应检查窗框缝隙，并调整开启扇五金配件，保证门窗密封条气密闭合。

（3）围护结构开口部位

1）纵向管路贯穿部位应预留最小施工间距，便于进行气密性施工处理。

2）当管道穿出外围护结构时，预留套管与管道间的缝隙应进行可靠封堵。当采用发泡剂填充时，应将两端封堵后进行发泡，以保障发泡紧实度。发泡完全干透后应做平整处理，并用抗裂网布和抗裂砂浆封堵严密。当管道穿地下外墙时，还应在外墙内外做防水处理，防水施工过程中应保持干燥且环境温度不应低于5℃。

3）管道、电线等贯穿处可使用专用密封带可靠密封。密封带应灵活有弹性，当有轻微变形时仍能保证气密性。

4）电气接线盒安装时，应先在孔洞内涂抹石膏或粘结砂浆，再将接线盒推入孔洞，保障接线盒与墙体嵌接处的气密性。

5）室内电线管路可能会形成空气流通通道，敷线完毕后应对端头部位进行封堵，

保障气密性。

（4）外墙与室外地面交接处

在外墙与室外地面的交接处，保温板改用玻璃泡沫板，以抵抗雨水的侵蚀。玻璃泡沫板与上部另一种保温材料交接处设置雨水导流板，保障不因雨水而影响气密性。

（5）气密性检测

施工过程中应进行气密性检测，保障气密性。气密性检测可采用鼓风门法和示踪气体法。

鼓风门法通过鼓风机向室内送风或排风，形成一定的正压或负压后，测量被测对象在一定压力下的换气次数，以此判断是否满足气密性要求。

示踪气体法使用人工烟雾，通过观察示踪气体向外界泄露的数量和位置查找围护结构的气密性缺陷。

6.4　高效热回收系统

虽然被动式超低能耗建筑具有优异的气密性，但必要的空气交换还是需要的，空气交换通过高效热回收系统来完成。高效热回收系统的主机可采用中央式热回收除霾能源环境机，该机由室内机和室外机两部分组成，室内机一般挂装于阳台或厨房内，为建筑输送冷量、热量、新风，同时去除室内 PM2.5 及其他挥发性有害气体。

1. 中央式热回收除霾能源环境机安装要点

1）机组与基础间、吊装机组与吊杆间均应安装隔声减振配件；管道与主机间应采用软连接，防止固体传声。

2）安装位置应便于维修、清洁和更换过滤器、凝结水槽和换热器等部件。

3）管道保温与主机外壳间应连接紧密，避免有缝隙，影响保温效果。

4）应对新风吸入口和排风口的安装位置进行现场核查，保障满足以下要求：新风吸入口应远离污染源，如垃圾厂、堆肥厂、停车场等，并应避免排风影响；同时宜远离地面，不受下雨、下雪的影响，且能防止人为破坏。排风口应避免排气直接吹到建筑物构件上。

5）机组安装完成后应进行风量平衡调节，每个送风口和排风口的风量应达到设计流量，总送风量应与排风量平衡。

2. 风管系统施工要点

风管暗装于吊顶内，主要房间设置具有调节功能的送风口，回风口集中设置在公共区域，主要房间设置控制面板，二氧化碳传感器、PM2.5 传感器等设备自动运行。

1）宜采用高气密性的风管。

2）当进风管处于负压状态时，应避免和排风管布置在同一个空间里，防止排风进入送风系统。

3）新风管道负压段和排气管道正压段的密封是风系统施工的重点，宜在其接头等易漏部位加强密封，保障密闭性，同时减少噪声干扰。

3. 水系统施工要点

1）冷热源水系统应进行水力平衡调试，总流量及各分支环路流量应满足设计要求。

2）水系统管道、管件等均应做到良好的保温，尤其应做好三通、紧固件和阀门等部位的保温，避免发生热桥。

3）室内管道固定支架与管道接触处应设置隔声垫，防止噪声产生及扩散，也可避免发生热桥。

4）室内排水管道及其透气管均应进行保温和隔声处理，可采用外包保温材料的方式隔声。

5）屋面雨水管宜设在建筑外保温层外侧，如必须设在室内时，雨水管应进行保温处理。

4. 防尘保护要点

中央式热回收除霾能源环境机安装过程中应加强防尘保护、气密性、消声隔振、平衡调试及管道保温等方面细节的处理和控制。施工期间风系统所有敞口部位均应做防尘保护，包括风道、新风机组和过滤器；应及时清洗过滤网，必要时更换新的过滤器。

被动式超低能耗建筑的造价比传统房屋高出最多不超过20%，但是节能效果非常明显，如每平方米每年的取暖能耗为15千瓦，仅为普通房屋的1/10。被动式建筑虽需额外投入成本，但这些成本与每年可节省的油、电、气等资源费用综合比较，用不了几年就可以收回多投入的成本，在较寒冷地区其节能效果更为显著。

被动式建筑无地域限制，无建筑类型限制，现浇结构、装配式建筑、钢结构、木结构都可以应用。

第7章

桩基础与深基坑支护技术

7.1 桩 基 础

现代房屋的地基与基础选型时，首选天然地基浅基础，如天然浅土层软弱，则采用桩基础，较少采用地基处理的方式。桩基础由桩尖、桩身和承台（或其他浅基础）组成。

桩的主要作用是将上部结构的荷载由浅基础传递到深处承载力较大的土层（持力层）上或将上部荷载分配到较大的深度范围。桩的形式可以是单根（一柱一桩），也可以是多根（群桩）。桩的类型很多，现代房屋常见的类型有预应力混凝土空心管桩、泥浆护壁钻孔灌注桩、全套筒钻孔灌注桩等。

7.1.1 预应力混凝土空心管桩

预应力混凝土空心管桩（简称管桩）是一种细长的空心预制混凝土构件，是在工厂经张拉、施加预应力、离心成型、高压蒸养等工艺生产而成的预制产品（图7-1）。管桩按混凝土强度等级分为预应力高强混凝土管桩（PHC桩）、预应力混凝土管桩（PC桩）和预应力混凝土薄壁管桩（PTC桩）。PHC桩的混凝土强度等级不得低于C80，PC桩的混凝土强度等级不得低于C50，PTC桩的混凝土强度等级不得低于C60。PC及PTC桩一般采用常压蒸汽养护，一般要经过28天才能施打，而PHC桩脱模后进入高压釜蒸养，经10atm、180℃左右的蒸压养护，混凝土强度等级达到C80，从

图7-1 预制的管桩

成型到使用最短只需两天。管桩按桩身抗裂弯矩的大小分为A型、AB型和B型（A型最小，B型最大），外径有400mm、500mm、550mm、600mm、800mm、1000mm等，壁厚为65～125mm，常用节长7～12m，特殊节长4～5m。其施工方法主要有锤击法和静压法，静压法用得比较多。

管桩的两端是端头板，端头板是圆环形铁板，厚18～22mm，外缘沿圆周设置成坡

口，管桩对接后坡口成 U 形，方便焊接时满焊。

第一根沉入土中的管桩称为底桩，底桩下端与桩尖相连。桩尖形式有十字形、锥形和开口形，华东地区采用开口形较多，华南地区采用十字形较多。桩尖起导向、挤土、止水等作用。

每根桩上都有标记，标在距端头 1.0m 左右的地方，如外径 500mm、壁厚 110mm、长 7m 的 B 型预应力高强混凝土管桩标记为 PHC 500 B110 - 7，其他与此类似。

1. 锤击法

锤击法俗称打桩，是靠桩锤下落到桩端时产生的冲击能而使桩沉入土中的方法。两节桩之间采用焊接端头板的方式接桩。

（1）打桩机械设备

打桩常用的机械设备有桩锤、桩架等。

桩锤是将桩身打入或压入土中的主要机具，常见的有柴油锤、液压锤、液压振动锤等。柴油锤是利用燃油推动活塞往复运动而锤击打桩，活塞重量从几百公斤到数吨，有筒式和导杆式两种（图 7 - 2）。液压锤是通过液压装置将冲击锤芯提升到预定高度后快速释放，冲击锤芯以自由落体的方式下落打击桩体，将桩送入土中。液压锤具有噪声小、无污染、振动小等优点，符合环保要求（图 7 - 3）。液压振动锤也是一种环保、高效、轻便的桩锤（图 7 - 4），用这种锤压桩非常快速和高效，但垂直度不容易控制，一般用于施打非承载桩。

(a) 筒式　　(b) 导杆式

图 7 - 2　柴油锤

图 7 - 3　液压锤

桩架的作用是支持桩身和桩锤，也作为起吊和导向设备，在打桩过程中引导桩的方向，保证桩锤能垂直入土。常用的桩架形式有滚筒式（图 7-5）、步履式和履带式三种。

图 7-4　液压振动锤

图 7-5　滚筒式桩架

为了提高打桩效率和精度，保护桩锤和桩顶，在桩顶上加了桩帽，桩帽上部垫上锤垫。一般用橡木、桦木等硬木作锤垫，也可采用钢索盘绕而成，对重型桩锤还可采用压力箱式或压力弹簧式新型结构锤垫。

桩帽下部与桩之间垫上桩垫，可用松木横纹拼合板、草垫、麻布片、纸垫等作桩垫。

当桩施打完成后，桩高于地面时，要将桩打入（或压入）地面以下，称为送桩。送桩一般采用送桩筒。送桩筒是用钢管制成的，其制作要求是：有较高的强度和刚度；易于打入和拔出；能将锤的冲击力有效地传递到桩上。

（2）收锤标准

管桩是摩擦型桩，原则上以设计桩端标高或桩长作为收锤标准。摩擦桩的桩长与桩入土后产生的摩擦力成正比，桩的摩擦力大小由桩身接触土的面积及土的密实度所决定。当一栋建筑的上部荷载计算出来以后，确定分配到每根桩的荷载，并确定需要多少摩擦力来承担荷载，在桩径确定的前提下就可以计算出所需桩的长度，称为最小桩长。打桩前设计单位已经确定了最小桩长，如果按最小桩长收锤，每根桩的长度一样，则每根桩的落脚点——持力层可能不一样。如果落在容许承载力较高的土层，管桩所获得的端承力可以作为储备承载力，提高安全系数。所以，管桩的收锤，除了最小桩长外还要判断是否已经进入事先选定的持力层。

一般的，管桩按端承摩擦桩来收锤，以最小桩长和最后贯入度双控指标收锤：如达到最后贯入度而未达到最小桩长，按最小桩长收锤；如达到最小桩长而未达到最后贯入度，按最后贯入度收锤。

贯入度是端承桩的收锤指标，是指锤击一次桩后桩的入土深度。因为临近收锤时每锤的入土深度较小，采用每 10 锤＝1 阵作为衡量单位。端承桩是以最后三阵的贯入度小于试打桩时确定的最后贯入度作为收锤标准的。试打桩是工程桩开打前为确定持力层的贯入度而试打的桩。规范规定，试打桩不得少于2根，试打桩的桩位应选取在地质钻孔附近，以便参照详细的钻孔资料来确定持力层的位置，从而测出持力层的贯入度，作为最后贯入度。端承桩施打过程中量测到贯入度小于试打桩确定的最后贯入度就可以收锤了。

（3）打桩工艺流程

测量放线定桩位→焊接桩尖→桩机就位→吊桩→插桩→打桩→接桩→再打桩→再接桩……直到收锤标准→收锤→送桩或截桩。

1）测量放线定桩位、确定打桩顺序。定桩位时必须按照施工图柱网轴线实地定出控制线，再根据桩位图将桩逐一编号，依桩号所对应的轴线、尺寸施放桩位。图7-6所示是某工程桩位图。

根据打桩施工区域内的地质情况和基础几何形状合理选择打桩顺序。一般的，桩位密集的采用由中间向两侧或由中间向四周的顺序；对基础标高不一的桩，宜先深后浅；当桩头高出地面时，宜采用后退式施打。

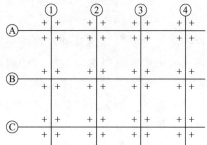

图7-6　某工程桩位图

2）焊接桩尖。第一根桩入土前要焊接桩尖，首先对桩尖和桩端板进行除锈，除锈后焊接桩尖与桩端板，焊缝满焊，清除焊渣，打磨焊缝，涂刷三遍防锈漆。

3）桩机就位。将桩机移至待打桩位，调平机身，调整桩机，使其垂直对准桩位中心，四周垫稳。

4）吊桩。管桩起吊前，要在桩上标记桩身长度单位，以米为单位，以便观察桩的入土深度及记录每米沉桩锤击数。桩机上自带起吊设备，用钢丝绳绑住桩身就可起吊。捆绑有单点捆绑和双点捆绑两种，单点设在距桩上端1/3处，双点分别设在距桩上端1/4和1/2处。起吊要平稳，人工用绳索拉住桩身辅助平衡，避免撞机。待管桩基本垂直后提升桩锤，将桩顶"喂"入桩帽，使桩垂直对准桩位中心，缓缓放下桩管，插入土中，扣好桩帽。

5）插桩。吊装就位后，校核桩位，启动桩机，轻打入土。插入0.5～1m时暂停，用经纬仪双向（互成90°）校核桩身垂直度，有偏差时通过桩机垂直、水平调节装置进行调整。垂直度偏差不得大于0.5%，如果大于0.5%，必须拔出管桩重插。

6）打桩。因地表土层较软，初打进入淤泥层时可能下沉量较大，宜采取低提锤、轻打下的方法。随着沉桩加深，沉速减慢，起锤高度可逐渐增大。在整个打桩过程中要使桩锤、桩帽、桩身尽量保持在同一轴线上，必要时应将桩锤及桩架导杆方向按桩身方向调整。要注意尽量不使管桩受到偏心锤打。打桩较难下沉时，要检查落锤有无倾斜偏心，检查桩垫、桩帽是否合适。如果不合适，需更换或补充软垫。每根桩宜连续一次打完，不要中断，以免难以继续打下。

7）接桩。在管桩端头板四周坡口以焊接的方式连接上下两根桩，在管桩打至桩头距离地面0.5～1m时暂停锤击，进行管桩接桩。接桩时先用钢丝刷将两个对接桩头上的泥土、铁锈刷干净，使坡口呈现金属光泽，然后将待接的上桩吊入就位并调直，用电焊枪在坡口四周对称点焊 6 个点进行固定，固定后再分层同步对称施焊，直至焊满。焊缝要求连续饱满，焊接层数不少于两层，里层的焊渣清理完成后方可施焊外层。施焊后，待管桩接头自然冷却后方可继续打桩。冷却时间不少于 8min，冷却后需打磨，涂刷防锈漆。严禁淋水冷却和焊接后立即沉桩。管桩对接时，上下管桩应保持顺直，保持上下桩的轴线在一条直线上。

8）再打桩。接桩后继续打桩，通过记录桩长确认是否已经达到最小桩长，并实时量测贯入度，判断是否已经到达持力层。若达不到标准，继续接桩和打桩，直至达到最小桩长及桩尖进入指定的持力层才收锤。

9）送桩。确认达到收锤标准时停止打桩。如果桩身露出地面高于桩机底盘，影响桩机移位，要将桩送入土中，前提是收锤时贯入度不为零。送桩是用与管桩直径相匹配的送桩器代替桩身继续打桩，将桩送入地面以下。拔出送桩器，完成打桩。采用送桩器将桩送入土中，可以避免截桩。如能通过准确的计算将桩送至高出基础底面标高 10cm 处，可免去两次截桩的工序和费用。送桩后要及时封盖地面桩口。

10）截桩。如果收锤的贯入度太小，送桩困难，只能截桩。截桩必须采用切桩机，截桩时必须将管径截透，严禁野蛮截桩。

11）灌芯。桩头与承台的连接采用灌芯。基坑土方开挖至设计标高后，露出管桩，将桩截至高出承台（或其他浅基础）100mm 处，然后清理管桩孔内的垃圾及污物，放入事先制作的填芯钢筋笼（图 7-7）。填芯钢筋笼底部的托板比桩的内径略小，用钢板制作；锚筋用 5～7 根直径 20mm 的 C 级钢筋制作，长度为 1800mm；箍筋用直径 8mm 的 A 级钢筋，间距为 200mm；用 C40 的混凝土灌入内腔，承台钢筋绑扎时锚筋还要弯成 60°（图 7-8）。

图 7-7 填芯钢筋笼

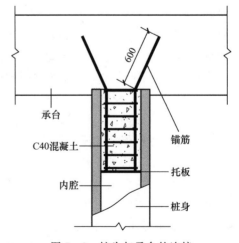

图 7-8 桩头与承台的连接

12）试压桩。为确定单桩承载力是否满足设计要求，管桩打完后必须进行单桩竖向抗压静载试验。工程桩试验加载量为承载力设计值的 1.5～2 倍。试桩在沉桩 10 天后即可加载，一般采用锚桩横梁反力装置进行试验。

2. 静压法

静压法（箍压式）是通过箍压式静力压桩机（图 7-9）上的液压夹持装置夹住桩身，液压夹持装置进程下行时将管桩压入土中的工艺，具有不破坏桩、无噪声、无振动、无冲击力、无污染等优点。由于柴油锤打桩时振动剧烈、噪声大，且柴油尾气有污染，近年来多采用静力压桩机静压沉桩。

新型的箍压桩机上的多点均压式夹持装置可使夹桩后桩身的应力分布均匀，而应力峰值相对较低，夹持高承载力桩基时仍然可靠且不会出现破损；设置了边桩、角桩装置，能够独立完成一项工程的全部压桩任务；箍压桩机上的步履行走装置可作任何角度的回转，可靠性和灵活性比传统的桩机有显著提高，拆装转场极为便利；桩机上配有起重装置，可自行完成桩的起吊、就位、接桩和配重装卸。新型的箍压桩机可施工的每节桩长最高可达 20m。

图 7-9 箍压式静力压桩机

静压法工艺流程为：场地清理→测量定位→桩机就位→吊桩插桩（包括对中调直）→压桩→接桩→再压桩→……直至终压→截桩或送桩。

主要施工方法：

1）桩尖就位、对中、调直。用桩机自身配备的起重机将桩垂直吊入压桩机的夹持框内，启动压桩机的纵向和横向行走油缸，使桩尖对准桩位；启动桩机液压油缸，压入夹持框内第一节桩，入土 1m 左右停止，用吊锤及主机驾驶室内水平仪调整两个方向的垂直度。第一、第二行程压桩垂直是保证整桩垂直度的关键。

2）压桩。通过夹持油缸将桩夹紧，然后压桩油缸伸程，将压力施加到桩上，根据压力表读数判断桩的质量和承载力是否达到设计要求。

3）接桩。当第一节桩压到露出地面 0.5～1.0m 时，吊入第二节桩，焊接端箍，保持上下两节桩对直，上下端箍表面用铁刷子等清理干净，并清除油污和铁锈。焊接时先在坡口周围对称点焊 4～6 点，待上下桩节都固定后再分层施焊，施焊对称进行。采用二氧化碳保护焊，焊接层数宜为三层，内层焊渣清理干净后方可焊外一层。焊缝应饱满、连续，且根部必须焊透。待焊接接头自然冷却后再继续压桩。

4）送桩。桩机上的压力表可实时显示出管桩承受的压桩压力，当压桩压力达到设计确定的终压值时停止压桩。这时如果桩露出地面，尝试用送桩筒将露在地面的桩身压入土中，如果压不动，则用切桩机将露在地面的桩切掉。

终压值一般取单桩竖向极限承载力设计值的 1.5～1.7 倍，并视土质及压桩情况考虑复压。

7.1.2 泥浆护壁钻孔灌注桩及钻扩桩

泥浆护壁钻孔灌注桩是利用原土造浆或人工造浆制成的泥浆进行护壁，并通过泥浆循环将被钻头切下的土渣携带排出孔外成孔，然后吊放预先绑扎的钢筋笼，以导管法水下灌注混凝土成桩的工艺。钻扩桩是钻孔扩底灌注桩的简称，是在泥浆护壁钻孔灌注桩基础上对孔底扩大后形成扩大头的新桩型。

1. 施工机械

1) 成孔机械。成孔机械有回转钻机、潜水钻机、冲击钻等，其中以回转钻机应用最多。回转钻机是由动力装置带动回转装置转动，再由其带动带有钻头的钻杆钻动，由钻头切削土体。回转钻机一般安装在门式机架的底盘上（图 7-10）。

2) 钻头。回转钻机一般采用笼式钻头（图 7-11）钻进。钻扩桩在钻至设计标高后，提出并拆下笼式钻头，换上扩底钻头（图 7-12），进行扩底施工。

门式机架

接泥浆池橡胶管

钻杆

回转装置

图 7-10　回转钻机

图 7-11　笼式钻头

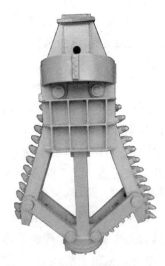

图 7-12　扩底钻头

2. 工艺流程

放线定位→埋设护筒→钻机就位→钻进成孔→（更换钻头→扩底→）成孔检测→清孔→吊放钢筋笼→下导管→再次清孔→灌注混凝土成桩。

钻孔前还需制备泥浆，边钻进泥浆边循环排渣。

3. 施工方法

1）放线定位。场地平整、清理后，设置桩基轴线定位点和水准点，根据桩位平面布置施工图测设出每根桩的位置，并做好标志。施工前要检查复核桩位，以防被外界因素影响而造成偏移。

2）埋设护筒。护筒用 4~8mm 厚钢板制成，内径比钻头直径大 100~200mm，顶面高出地面 0.4~0.6m（图 7-13），上部开 1~2 个溢浆孔。护筒埋置深度在黏土中不少于 1.0m，在砂土中不少于 1.5m。其高度要满足孔内泥浆液面高度的要求，孔内泥浆面应保持高出地下水位 1m 以上。采用挖坑埋设时，坑的直径应比护筒外径大 0.8~1.0m。护筒中心与桩位中心线偏差不应大于 50mm，对位后应在护筒外侧填入黏土并分层夯实。护筒的作用是：固定桩孔位置；保护孔口；维持孔内水头，防止塌孔；为钻头导向。

图 7-13 桩定位及埋设护筒

3）泥浆制备。泥浆的主要作用是护壁和携渣。泥浆制备方法应根据土质条件确定：在黏土和粉质黏土中成孔时，可注入清水，以原土造浆，排渣泥浆的密度应控制在 1.1~1.3g/cm³；在其他土层中成孔时，泥浆可选用高塑性（$I_P \geqslant 17$）的黏土或膨润土制备；在砂土和较厚夹砂层中成孔时，泥浆密度应控制在 1.1~1.3g/cm³；在穿过卵石夹砂层或容易塌孔的土层中成孔时，泥浆密度应控制在 1.3~1.5g/cm³。施工中应经常测定泥浆密度，并定期测定黏度、含砂率和胶体率。泥浆的控制指标为黏度 18~22s，含砂率不大于 8%，胶体率不小于 90%。为了提高泥浆质量，可加入外加剂，如增重剂、增黏剂、分散剂等。施工中废弃的泥浆、泥渣应按环保的有关规定处理。

4）钻进成孔。钻进成孔有正循环成孔和反循环成孔两种。正循环成孔是由钻机回转装置带动钻杆和钻头回转切削破碎岩土，由泥浆泵往钻杆输进泥浆，使孔内充满泥浆，泥浆沿着孔壁上升，从护筒上的溢浆孔流入泥浆池，经沉淀处理后返回循环池，再经泥浆泵压入孔内，形成循环，钻出来的土渣随着泥浆的循环被携带到沉淀池 [图 7-14(a)]。反循环成孔是由钻机回转装置带动钻杆和钻头回转切削破碎岩土，利用离心泵抽吸孔内泥浆至沉淀池，泥浆经沉淀或过筛后又流回孔内所形成的循环，钻出来的土渣随着泥浆循环从钻杆内腔被抽吸出孔外而排渣 [图 7-14(b)]。

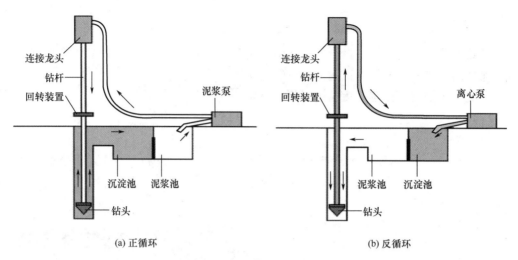

(a) 正循环   (b) 反循环

图 7-14　泥浆循环成孔工艺

初期钻进速度不要太快，在孔深 4.0m 以内不超过 2m/h，孔深 4.0m 以外不要超过 3m/h。钻进过程中需要经常测试泥浆指标变化情况，并注意调整钻孔内泥浆的浓度。

深圳某公司发明了泥浆过滤振动筛（图 7-15），用它代替泥浆池和沉淀池，用在反循环工艺中。吸上来带渣的泥浆直接卸在振动筛上过滤，过滤后的泥浆从筛子下面的泥浆沟流回桩内，桩内切下来的土渣留在筛子上，然后定期将筛子上的沉渣清理掉。

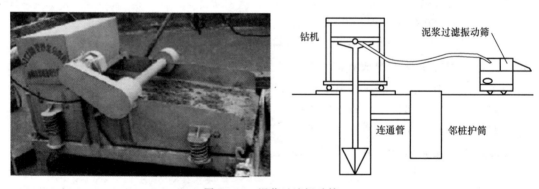

图 7-15　泥浆过滤振动筛

钻孔桩属于端承桩，钻孔钻到预先选定的持力层就完成了成孔。如何判断钻孔已经钻到持力层？钻孔开工前的准备工作中，要备好持力层土层的渣样，当发现泥浆过滤振动筛上泥浆循环留下的土渣与事先准备的渣样一致时，说明已经钻到持力层，可以停止钻进了。

5）更换钻头、扩底。对于钻扩桩而言，笼式钻头钻到设计持力层后，将钻头提出孔外拆下，更换上扩底钻头再吊回孔内，通过液压泵加压撑开钻头的扩孔刀刃，旋转，使之切削土层，对柱状钻孔灌注桩孔底进行扩大，直到达到设计要求的扩底直径，形成桩底扩大头。为保证扩底可靠，可使用孔径检测器或超声波仪进行检测，确定扩底直径达到设计要求后，提起钻头，继续下一道工序。扩底钻头在刀具的设计上采用了斜面，扩底后桩底的形状如图 7 - 16 所示，这样的底面可以减少或不出现桩底沉渣，使钻孔桩质量更加可靠，因此有条件时应该用钻扩桩代替钻孔桩。

6）成孔检测。在施工中采用的检测手段以设备自检为主、井径仪检测为辅，必要时采用超声波仪进行检测。

7）清孔。钻孔钻至持力层后，进行孔径、孔偏斜度和孔深的验收后清孔。以原土造浆的钻孔，清孔时注入清水，同时钻具只钻不进，待泥浆相对密度降到 1.1 左右即可认为清孔合格；对于制备泥浆的钻孔，清孔用换浆法，至换出泥浆的相对密度小于 1.15～1.25 时方为合格。

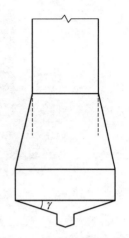

图 7 - 16 钻扩桩底部形状

清孔合格后，再次验收孔深、泥浆和沉渣厚度，经隐蔽验收合格后应尽快吊放钢筋笼，然后进行水下混凝土灌注。

8）吊放钢筋笼。钢筋笼的主筋采用直螺纹连接，主筋与加劲箍的连接采用焊接，螺旋筋与主筋的固定采用绑扎。钢筋笼制作完成后，用吊车吊放至护筒部位，采用架立筋临时固定第一节钢筋笼，然后吊起第二节钢筋笼，与第一节对准后以焊接连接。以护筒顶面为基准面，量测钢筋笼，到达设计位置后，焊上吊筋固定。伸入承台部分的钢筋用珍珠棉套管保护。

9）下导管。导管是水下混凝土灌注的输送管，内径 200mm，每节长 3～4m，用键销式快速接头连接，试水压力为 0.6～1.0MPa。导管吊放至桩底 300mm 处，再次清孔。

10）水下浇筑混凝土。导管上端安上漏斗，并吊放塞住导管的铅球。混凝土料数量应满足导管埋入混凝土深度的要求。导管埋入混凝土内深度为 2～3m，最深不超过 4m，最浅不小于 1m。混凝土采用自密实混凝土，坍落度为 18～22cm，以防堵管。混凝土搅拌运输车将混凝土料卸到漏斗上，达到足够量后剪去铅球，混凝土料冲到桩底，埋住导管，然后边下料边拔管。混凝土浇筑要连续进行，中断时间不超过 30min。浇筑的桩顶标高应高出设计标高 0.5m 以上。

7.1.3　全套管钻孔灌注桩

这种钻孔桩从地面到持力层采用钢套管全长护壁，冲抓斗将套管内的土取出，套筒内成孔，然后清孔，吊放钢筋笼，浇筑混凝土，边浇筑边拔出套管成桩。这种桩与泥浆护壁钻孔灌注桩相比，最大的优点是不用泥浆护壁，可以很方便地判断是否已经钻到持力层。

套管压入土中的方法有全回转钻机（图 7 - 17）钻入法、搓管机（图 7 - 18）摇动压入法和高频液压振动锤（图 7 - 19）压入法等。不管用哪种方法，都要将套管内的土取出才能形成桩孔，取土可以采用旋挖机（图 7 - 20）钻取或采用冲抓斗（图 7 - 21）抓取。

套管

工作装置　　　　　　液压泵站

图 7-17　全回转钻机

图 7-18　搓管机

图 7-19　四头的高频液压振动锤

图 7-20　旋挖机

图 7-21　冲抓斗

1. 全回转钻机钻入法

全回转钻机是液压动力驱动套管作 360°回转的新型钻机，压入套管和挖掘同时进行，采用新型、高效、环保的钻进技术，在现代房屋建造中广泛应用于桩基础和深基坑支护工程。

全回转钻机包括动力站、工作装置和辅助钻具三部分，动力站外置，工作装置包括底座、动力支承平台、立柱、升降平台和套管夹紧装置，底座内有支腿油缸进行调平。辅助钻具包括各种规格的套管、抓斗、重锤等。

第一节套管端部安装了刀具（图 7-22）。全回转钻机的施工是通过回转装置的回转使钢套管与土层间的摩阻力减少，通过套管夹紧装置用液压动力将套管压入土中，边回转，边压管，边取土，直至套管下到桩端持力层为止，然后清除虚土，放入钢筋笼，灌注混凝土成桩。

（1）工艺流程

场地平整、测放桩位→安放导向板→全回转钻机主机就位→吊放第一节套管→测量、调整套管垂直度→钢套筒钻进、冲抓斗取土→接管、继续钻进取土……直至持力层→清孔→吊放钢筋笼→插入导管、浇筑混凝土→边浇筑边拔管。

（2）场地平整、测放桩位

清理现场，平整场地，根据设计图纸提供的坐标计算桩中心点坐标，采用全站仪根据地面导线控制点进行实地放样，并保护好桩位中心点。

（3）安放导向板

导向板用 3cm 厚的钢板焊接而成，长、宽约为 4.5m（图 7-23），起导向和提高钻机地面强度的作用。在测放桩中心后，将桩中心点周边用挖土机挖出深 30cm、长宽均为 4.5m 的坑，再将导向板放置其中，让导向板的中心与桩的中心叠合，使桩基施工时套管不会跑偏。

图 7-22 端部安装了刀具的第一节套管

图 7-23 导向板

（4）全回转钻机主机就位

导向板安装好后，吊放全回转底盘，底盘中心要和桩中心点重合。再吊放主机，安装在底盘上，最后安装反力叉。反力叉的作用是防止全回转转动中主机移位。

（5）吊放第一节套管

将底部装有特制刀头的第一节套管吊放插入主机中，放在导向板圆孔内。

（6）测量、调整套管垂直度

在两个互相垂直的方向使用经纬仪检查套管垂直度，如有偏差进行调整。

（7）钢套筒钻进、冲抓斗取土

启动液压泵站，进行360°回转钻进，回转驱动套管的同时下压套管，实现套管快速钻入地层。套管钻入地层的同时，利用吊机沿套管内壁吊放冲抓斗取土，一边抓土，一边继续下压套管。套管保持垂直，并始终保持套管底口超前于抓土面的深度至少为2.5m。第一节套管压至露出地面1.2～1.5m时停止，准备接管。

（8）接管

安装第二节套管，继续下压取土。如此反复，直至达到持力层，成孔。

（9）清孔

确认到达持力层后，从以下两种方法中选取一种进行清孔。

1）孔内无积水或有少量水时，往孔内灌清水，搅动孔内的水，用泵抽孔内的水，抽水时可把沉渣带至地面。

2）孔内有较多积水时，边搅动孔内的水边抽水，待孔内水位下降时，往孔内灌清水，继续搅动并抽孔内的水，抽水时可把沉渣带至地面。

（10）吊放钢筋笼

成孔检验合格后吊放钢筋笼。这一工序和泥浆护壁钻孔桩相同。

（11）浇筑混凝土

插入导管和漏斗，混凝土搅拌车直接卸料至漏斗。混凝土采用普通的商品混凝土，操作工人可持振捣棒在地面将混凝土振捣密实。浇筑应连续进行，导管提升时不得碰撞钢筋笼。

（12）边浇筑边拔管

套管埋深2～6m，随着混凝土的灌注逐渐上拔。拔管时要缓慢拔起，保持套管顺直，并保持套管不会拔出混凝土面，直至混凝土浇筑至有效桩顶，套管全部拔出。

2. 搓管机摇动压入法

搓管机由主机、动力站、操作台及工作装置四部分组成，是一种良好的沉管机械。搓管机在工作时，将带有钻头的第一节套管吊放入搓管机上的上、下卡盘内，并用导向纠偏机构（起拔和扶正油缸）将套管调整垂直，再用夹持装置（夹持油缸和上卡盘）夹持住套管，通过两搓管油缸的交替伸缩，夹持装置和套管在一定的角度内左右搓摆，同时压拔油缸将套管快速压入地层；当套管压入地层深度达到压拔油缸最大行程后，夹持油缸缩短动作，松开套管，压拔油缸伸长空程举升上卡盘到上死点，上卡盘再次夹持套管，压拔油缸下压套管一个油缸行程。重复以上动作，旋挖机或冲抓斗取出套管内的岩土，搓管机配合同步压入套管，直到持力层为止。在灌注混凝土时搓动和起拔套管，边灌边拔套管，直到所有套管拔完后成桩。

（1）工艺流程

场地平整、测放桩位→安放路基板→搓管机就位→吊放第一节套管→测量、调整垂直度→钢套筒钻进、冲抓斗取土→接管、继续钻进取土……直至持力层→清孔→吊放钢筋笼→插入导管、浇筑混凝土→边浇筑边拔管。

其工艺流程与全回转钻机的工艺流程大同小异。

（2）搓管机就位

搓管机移动至正确位置，夹紧装置的中心对准桩位中心。

（3）吊装第一节套管套、取土成孔

将第一节套管吊放在导向板圆孔内，用定位油缸夹紧，搓管机启动，下压套管，压入深度为 2.5～3.5m，然后用旋挖机或冲抓斗从套管内取土，一边取土，一边继续下压套管，并始终保持套管底口超前于开挖面的深度至少为 2.5m。第一节套管全部压入土中后（地面以上要留 1.2～1.5m，以便于接管），检测垂直度，如不合格则进行纠偏调整，如合格则安装第二节套管，继续下压取土，如此反复，直至达到持力层。采用冲抓斗抓土，如遇到岩石压不下去，暂停取土，提出冲抓斗，吊放旋挖机进行凿岩作业。

其他工艺流程类似于全回转钻机钻入法的工艺。

3. 高频液压振动锤压入法

高频液压振动锤是通过夹具夹住套管，在振动箱的高频振动下使套管振入土体。振动锤运行时，总数为偶数的偏心轮高速旋转，产生振动力，使套管产生正弦波的垂直振动，强迫套管周围土壤产生液化、位移。由于土层移动，套管沉入土中。当振动停止，土体逐渐恢复原状。

高频液压振动锤锤身是全封闭的，可在水下作业，其构造简单，维修量小，体积小，重量轻。

高频液压振动锤沉管可以穿透卵石层、夹砂层等，但不能入岩，工作时振感小、噪声低、无污染，套管直径最大可达 1.34m。

除了沉管的方式不同，高频液压振动锤压入法的其余工艺流程与全回转钻机钻入法基本相同。

7.2 深基坑支护

基坑支护是对基坑侧壁及周边环境进行支挡、加固与保护的工艺，是保证基础工程正常施工及对基坑周边环境所采取的安全防护措施。一般认为深度超过 5m（含 5m）或地下室在三层以上（含三层）的基坑为深基坑。现代房屋建造采用的深基坑支护方案主要有咬合桩支护、咬合桩＋锚杆支护、咬合桩＋内支撑支护、地下连续墙支护和装配式支护等。

7.2.1 咬合桩支护

咬合桩是指环绕基坑的排桩互相咬合而形成的连续钢筋混凝土"桩墙","咬合"意为相邻桩之间的混凝土连续无缝咬合,既挡土又挡水。咬合桩的单桩分 A 桩和 B 桩,A 桩为无钢筋的素混凝土桩,B 桩为有钢筋笼的混凝土桩。一个咬合桩的基本单元由两根 A 桩与一根 B 桩构成,先施工 A 桩,后施工 B 桩。

咬合桩是在全套管钻孔灌注桩基础上发展起来的工艺,咬合桩单桩的成桩也分为全回转钻机压管成桩、搓管机摇动压管成桩和高频液压振动沉管成桩三种工艺,施工顺序是 A1→A2→B1→A3→B2→A4→B3→A5→B4→……An→B(n−1) →……如图 7-24所示。

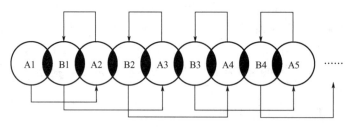

图 7-24 咬合桩施工顺序

1. 全套筒全回转钻孔咬合桩

全套筒全回转钻孔咬合桩施工的机械设备如图 7-25 所示,液压重锤和铅锤用于破碎岩石等。

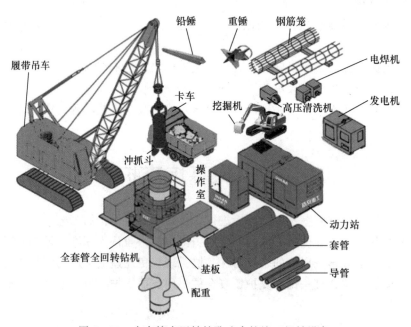

图 7-25 全套筒全回转钻孔咬合桩施工机械设备

（1）工艺流程

平整场地、测放桩位→施工钢筋混凝土导墙→钻机就位对中→吊装安放第一节套管→测控垂直度→压入第一节套管→抓斗取土、套管钻进→校正垂直度→接管→测量孔深→清除虚土→放入混凝土灌注导管→灌注混凝土、逐次拔管→测定混凝土面→桩机移位→施工A2桩→B桩施工、切割混凝土→B桩取土→B桩钢筋笼吊放→B桩灌注混凝土、逐次拔管、成桩。

（2）平整场地、测放桩位

清除地表杂物，填平碾压，根据施工图纸计算单桩中心坐标，采用全站仪根据地面导线控制点进行实地放样，并做好保护，作为导墙的控制中线。

（3）施工钢筋混凝土导墙

导墙（图7-26）的作用是作为钻孔的导向、保护孔口、支撑机具。在桩位放样符合要求后进行导墙沟槽开挖，开挖完成后将控制中线引入沟槽中，然后绑扎导墙钢筋，验收合格后安装导墙的模板。采用钢管支撑，支撑间距确保不会跑模，并保证轴线和净空的准确。混凝土浇筑时两边对称交替进行，当混凝土有足够的强度后，拆除模板，重新定位放样单桩的中心位置，将点位返到导墙顶面上，作为钻机定位控制点。地表土层较好时，导墙厚度一般取

图7-26　施工后的导墙

350mm；地表层土为软土时，需回填后分层碾压，厚度取≥450mm。

（4）钻机就位对中

导墙混凝土有足够的强度后，移动全回转钻机，使钻机夹紧装置中心对准单桩中心，调精准后，在导墙孔与套管之间用木塞固定，防止套管端头在施压时位移。液压工作站放置在导墙外平整的地基上。

（5）吊装安放第一节套管

在钻机就位后，启动液压泵站进行试运转，发动机、回转液压马达、夹紧油缸等从低转速逐步调整至高转速进行试运转，试运转正常后吊装第一节套管进入夹紧装置，确认夹紧后测控套管垂直度，无误后开始回转下压套管，压入深度为2.5～3m，然后用旋挖机或冲抓斗从套管内取土，一边取土一边继续下压套管。始终保持套管底超前开挖面的深度不小于2.5m。

（6）接管

每节套管长7～8m。第一节套管压至高出钻机台面0.5m，检测垂直度无误后吊装第二节套管继续下压取土，如此继续，直至到达设计孔深。在套管压入过程中用经纬仪不断校核垂直度，当套管垂直度偏差不大时固定下夹具，利用上夹具调整垂直度，当偏差较大时一般应拔出套管重新吊放。

（7）A1桩混凝土浇筑

孔内有水时，采用导管法进行水下混凝土灌注，因无法振捣，采用自密实混凝土浇筑；孔内无水时，也要吊入导管溜放混凝土，吊放振捣棒进行振捣。开始浇筑时，先浇入2~3m³混凝土料，将套管提升20~30cm，以测试上拔力是否足够，不足时应采用吊车辅助拔管。灌注过程中应确保混凝土高于套管下端口不小于2.5m，防止上拔过快造成断桩。

A2桩的施工过程同A1桩。

（8）B桩施工

B桩的施工比A桩的施工多了吊放钢筋笼的过程。当B桩成孔后，检查孔的深度、垂直度，清除虚土，检查合格后吊放钢筋笼。

采用履带吊车吊装钢筋笼，三点起吊法起吊，起吊时保持钢筋笼的顺直，并始终保持钢筋笼的底部不触地。先用大、小钩将钢筋笼体平行吊起，平移至桩孔处，再以大小钩配合将钢筋笼体缓慢竖起，至垂直，最后将钢筋笼体一次性放入孔中。

图7-27　冲抓型搓管机及冲抓斗

2. 搓管钻孔咬合桩

搓管钻孔咬合桩的施工设备有搓管机、套管、冲抓斗（或旋挖机）、履带吊机、液压泵站等。和全套筒钻孔灌注桩一样，搓管机由主机、动力站、操作台及工作装置四部分组成，有冲抓型和旋挖型两类，冲抓型配备冲抓斗取土，旋挖型配备旋挖机取土。它是一种带有可升降液压卡盘，能往复搓动、下压及起拔套管的钻机，是目前咬合桩常用的施工机械。

其施工原理是：由搓管机来回搓动套管，使套管与土层间的摩阻力大幅度减小，边搓动边压入，同时，冲抓型的用冲抓斗在套筒内挖掘取土（图7-27），旋挖型的用旋挖钻头在套筒内挖掘取土（图7-28），直至套管下到设计深度为止。先施工A桩，导管灌注混凝土并拔管成桩，后施工B桩，在B桩成孔后吊入钢筋笼，导管灌注混凝土并拔管成桩。

搓管钻孔咬合桩施工的工艺流程与全套筒全回转钻孔咬合桩基本相同。

3. 高频液压振动沉管咬合桩

采用高频液压振动锤下压套管、冲抓斗或旋挖机取土成孔，履带吊车吊起高频液压振动锤，振动锤下部的液压钳夹住套管顶部，内部偏心轮旋转产生的垂直振动力作用在套筒上，将套管沉入或拔出。先施工A桩，后施工B桩。B桩施工时，利用套管的切割能力切割掉相邻两根A桩相交的混凝土，实现咬合，然后吊放钢筋笼，拔管成桩（图7-29）。

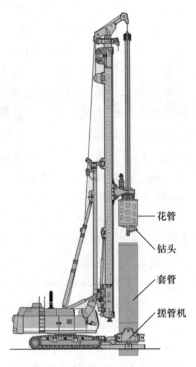

花管

钻头

套管

搓管机

图 7-28　旋挖型搓管机及旋挖机

图 7-29　高频液压振动沉管咬合桩施工现场

7.2.2　咬合桩＋锚杆支护

这种支护结构是由咬合桩、帽梁、腰梁和土层锚杆组成的支护体系，如图 7-30 所示。

这种支护结构施工时先完成咬合桩（环绕基坑的连续排桩墙），然后开挖基坑，挖至帽梁底面时施工土层锚杆、帽梁，养护，张拉第一层锚杆，继续挖土，挖至第一道腰梁的设计底面时施工第二层锚杆，逐层向下，直至坑底。

1. 土层锚杆施工

土层（预应力）锚杆在现代房屋建造的基坑支护中应用广泛，由锚头、拉杆、锚固体等组成。它的一端和咬合桩连接，另一端锚固在深处稳固的土层中。张拉所产生的预应力主动按压基坑四壁，和咬合

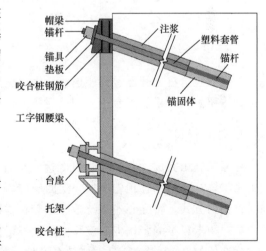

帽梁
锚杆
锚具
垫板
咬合桩钢筋
注浆
塑料套管
锚杆
锚固体
工字钢腰梁
台座
托架
咬合桩

图 7-30　咬合桩＋土层锚杆支护体系

桩一起有效地阻止坑壁土层坍塌和变形，地下水被连续的咬合桩挡在坑外。坑壁土压力首先作用在咬合桩上，然后通过咬合桩传递到帽梁和腰梁上，再依次传递给垫板、锚

具、锚杆，最终传递到深处墙后稳定的土体中。

一般帽梁采用现浇钢筋混凝土，腰梁采用工字钢或槽钢，其截面尺寸根据设计而定。锚杆施工顺序如下：钻孔→安放锚杆→注浆→养护→安装锚头→张拉锚固。

如果坑壁土质是硬黏土，钻孔设备一般选择螺旋钻机、地质钻机或土锚专用机；如果坑壁土质是饱和黏土，为防止出现塌孔，选用锚杆专用钻机＋护壁套管钻孔。这些钻孔设备中有的是干式钻孔，有的是湿式钻孔。对于湿式钻孔，在将锚杆体放入孔洞之前需要用清水冲洗孔洞，直到孔洞有清水流出。选择的钻机进场就位，按锚杆设计的倾角调整钻杆角度，对准孔位钻进。钻孔时应控制钻进速度，以匀速为宜。当钻至设计深度时，停止钻进，钻机空钻，片刻后拔出钻杆，这样可以减少孔内虚土，便于钻杆拔出。

锚杆使用的材料一般为钢筋或钢绞线，预应力锚杆大多使用钢绞线。锚杆应在干净、平整的场地上制作。沿锚杆轴线方向每隔 1.5～2.0m 应设置一个定位支架，锚杆应与定位支架定位牢固，同时固定灌浆管，在锚杆的自由段套上塑料套管（薄膜）。安放锚杆时应沿着孔壁缓慢地推进，不要用力过猛，以防定位支架脱落。

灌浆是锚杆施工中的重要一环，灌浆前应检查灌浆设备是否完好，与灌浆管的连接是否牢固可靠。灌浆开始后，随着浆体的灌入，应逐步将灌浆管向外拔出，拔出的速度不宜过快，而且要使管口始终埋在浆液中，直到孔口，这样可以将孔内的空气和水排挤出来，以保证灌浆的质量。灌浆管拔出后立即将孔口封堵严密，防止浆液外溢。

灌浆液一般养护不少于 7 天，待锚固段强度大于 15MPa 且达到设计强度的 75％后方可进行张拉。

2. 帽梁施工

帽梁的尺寸要求：宽度不宜小于桩径，高度不宜小于 400mm。帽梁的混凝土强度等级宜大于 C20。帽梁施工前应将咬合桩顶端凿去，露出锚固钢筋，清理干净桩顶。露出的锚固钢筋长度应达到设计要求。然后绑扎帽梁的钢筋，支帽梁的侧模，浇筑混凝土。

3. 腰梁施工

腰梁与咬合桩之间通过台座连接。为保证腰梁全长受力均匀，在安装腰梁时要测量桩边，按照测量结果加工台座，调整受压面，以保证腰梁受压面处于相同水平面。

4. 张拉锚固

在灌浆施工完成，并且灌浆强度达到设计强度的 80％以后，开始使用预应力张拉设备张拉锚杆，对锚杆预先施加一定的压应力。张拉顺序考虑对临近锚杆的影响，采用隔二拉一的方式，将穿心式张拉千斤顶套在锚杆（钢绞线）上，按设计的张拉值逐步增加荷载，用卡尺量测张拉头的位移值并做好记录。锚杆张拉控制应力不应超过锚杆杆体强度标准值的 0.75 倍，锚杆宜张拉至设计荷载的 0.9～1.0 倍后按设计要求锁定。

7.2.3 咬合桩＋内支撑支护

对土质较差的基坑，为使咬合桩受力均衡和变形小，常在坑内竖向设置内支撑，组成内支撑式的基坑支护体系，以提高抗侧压力，减小变形。

内支撑按材料分为钢筋混凝土支撑和钢支撑两大类。钢筋混凝土支撑可以很好地控制墙体的变形，但拆除时会产生大量的建筑垃圾，适用于不规则基坑和平面尺寸较大的基坑。钢支撑具有安装迅速且可以回收重复利用的优点，适用于平面比较规则、平面尺寸相对较小的基坑。

采用钢筋混凝土支撑时，随着挖土的加深，挖至支撑设计规定的位置后暂停挖土，现场支模，绑扎配筋，浇筑混凝土，先完成该位置的内支撑，再继续开挖下面的土方，符合先撑后挖的原则。

钢支撑常用的材料有钢管和型钢两种，现代房屋建造常采用工具式的钢管支撑。

1. 结构构造

工具式组合内支撑由咬合桩（或其他排桩）、钢管内支撑、伸缩装置等组成（图7-31）。
伸缩装置可以向坑壁施加预应力，变被动支护为主动支护；内支撑结构一般由冠梁、水平支撑、腰梁、立柱等组成，冠梁（第一道梁）、腰梁是现浇的，固定在咬合桩或排桩上，将咬合桩或排桩承受的侧压力传给水平支撑；钢管内支撑为受压构件，长度超过一定限度时稳定性降低，还要在纵横交叉处加设立柱，以承受内支撑自重和施工荷载。

图7-31 咬合桩＋内支撑支护体系

组合内支撑的平面布置形式根据基坑的平面形状、尺寸、开挖深度、周围环境保护要求、地下结构的布置、土方开挖顺序和方法等而定，水平支撑一般有角撑、对撑、框架式、边框架式、环梁与边框架、角撑与对撑组合式等（图7-32），可因地、因工程选用合适的支撑形式。

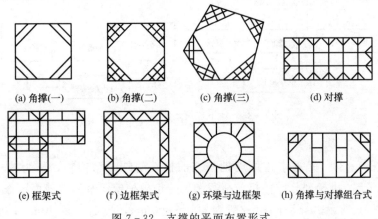

(a) 角撑(一)   (b) 角撑(二)   (c) 角撑(三)   (d) 对撑

(e) 框架式   (f) 边框架式   (g) 环梁与边框架   (h) 角撑与对撑组合式

图7-32 支撑的平面布置形式

支撑在竖向的布置主要根据基坑深度、挖土方式、地下结构各层楼面和底板的位置等确定。支撑的层数根据侧压力情况确定，以不产生过大的弯矩和变形为合适。设置的标高要避开地下结构楼板的位置，一般宜布置在楼面上下不小于 600mm 处，以便于支模浇筑地下结构的换撑。支撑竖向间距不宜小于 4m。

2. 施工顺序

按照"分层开挖，先撑后挖"的原则施工。

（咬合桩施工→）挖土至冠梁底面标高→冠梁施工→开挖第一层土方→安装第一道水平支撑→浇筑第一道腰梁→安装第二道水平支撑→架立第一道立柱→开挖第二层土方……如此循环作业，直至坑底，土方开挖完成。

咬合桩＋内支撑支护体系既可挡土又可挡水，可用于各种不易设置锚杆的松软土层及软土地基支护，但内支撑的设置给基坑内挖土和地下室结构的施工带来不便，需要通过不断换撑加以克服。

7.2.4 地下连续墙支护

地下连续墙是基坑开挖之前预先在地面以下、基坑边沿施工的钢筋混凝土墙体，是用专门的挖槽机械，在泥浆护壁条件下沿深基坑周边开挖一条狭长的、深度超过坑底的沟槽，清槽后在槽内吊放钢筋笼，然后用导管法水下灌注混凝土，形成一个单元槽段，如此逐段进行，以某种接头方法连接成一道连续的地下钢筋混凝土墙壁，作为基坑开挖时防渗、挡土的支护或者直接成为承受荷载的基础结构的一部分。

地下连续墙用于深基坑的支护，既挡土又挡水，墙体结构刚度大，能承受较大的土压力，适用于各种地质条件。地下连续墙如果单纯用作基坑支护，费用较高，如果兼作地下结构的外墙，则综合成本很低，是现代房屋建造中广泛应用的一项技术。

地下连续墙的一般施工工艺流程如图 7-33 所示。

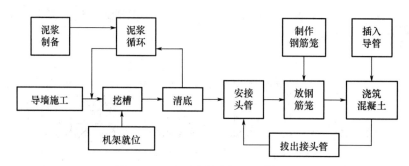

图 7-33 地下连续墙施工工艺流程

（1）导墙施工

导墙（图 7-34）是地下连续墙挖槽之前构筑的临时结构物，作为挖槽机械的导向，并起着挡土、承担部分挖槽机械荷载和维持槽内护壁泥浆稳定液面等作用。导墙的构造如图 7-35 所示。导墙间距一般为 600～800mm，另加余量 40mm；埋深一般为 1.2～1.5m，顶部宜高出地面 100mm；混凝土强度等级宜为 C20，厚度一般为 150～

200mm；导墙后的填土必须分层回填密实，以免被泥浆冲刷后发生孔壁坍塌。

图 7-34 完工的导墙

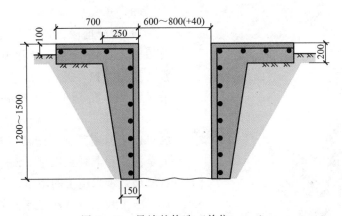

图 7-35 导墙的构造（单位：mm）

导墙的施工流程是：平整场地→测量定位→挖槽→绑钢筋→支模板→浇筑混凝土→拆模板并设置横撑→回填外侧空隙并碾压。

1）测量定位。按设计宽度，沿着导墙中轴线向两侧测量，每边放宽 20mm，放出导墙的边线。

2）挖槽。沿边线开挖土方。如果导墙外侧土体稳固，则以土壁代替外模板，避免回填土。

3）绑钢筋。按施工图绑扎钢筋。

4）支模板。支导墙内侧模板。如果外侧土体不稳，则外侧也要支模板。

5）拆模板并设置横撑。拆模后在导墙内每隔 2m 设上下两道木支撑，挖槽之前不拆支撑。

6）回填外侧空隙并碾压。在导墙混凝土强度达到设计要求后，导墙外侧用黏土分层夯填密实，防止地表水渗入槽内，引起塌方，同时严禁重型机械在混凝土未达到设计强度之前靠近导墙行走，以防止导墙变形。

（2）泥浆制备

泥浆是用膨润土在现场加水和添加剂调制而成的浆液，主要作用是护壁，并在泥浆循环时起携渣作用。膨润土是一种颗粒极细、遇水显著膨胀、黏性大、可塑性强的特殊黏土，加入商品陶土粉和适量纯碱后能获得稳定性良好的泥浆。

泥浆的制备方法有以下三种：

1）设备制浆。挖槽前用专用设备事先制备好泥浆，挖槽时输入沟槽。

2）自成泥浆。用钻头式挖槽机挖槽时，向沟槽内灌入清水，清水与切削下来的泥土拌和，边挖槽边形成泥浆。

3）半自成泥浆。当自成泥浆的某些性能指标不符合规定的指标时，可在形成自成泥浆的过程中加入一些特定的成分。

泥浆密度通常为 $1.05 \sim 1.1 g/cm^3$，泥浆液面应保持高出地下水位面 $0.5 \sim 1.0m$。

挖槽过程中泥浆一般采用正循环方式排渣。泥浆注入槽孔后，成槽机械开始工作，切削下的土渣与泥浆混合在一起，随浆液溢流向沉淀池，土渣沉淀后，不带渣的泥浆再被送回槽孔内，形成正循环排渣。

图 7-36　吊索蚌式抓斗成槽机

（3）开槽

1）划分槽段。地下连续墙很长，需要分段施工，每一施工段称为单元槽段。通常，使用冲抓斗挖槽的，单元槽段的长度就是抓斗斗齿开度（$2 \sim 3m$）的 $2 \sim 3$ 倍，即 $4 \sim 9m$ 长。一般来说，加大单元槽段长度可以减少施工缝，还可以提高工作效率，但是泥浆和混凝土用量及钢筋笼的重量也随着增加，带来施工的困难，所以必须根据设计、施工和地质条件等综合考虑确定单元槽段的长度。

2）挖槽机械。目前应用最多的是吊索蚌式抓斗、导杆蚌式抓斗、多头钻和冲击式挖槽机，一般土层特别是软弱土层常采用吊索蚌式抓斗成槽机（图 7-36）。

3）挖槽。应遵循先异形槽段、后标准槽段的开挖顺序。标准槽段采用三抓成槽法开挖，即每单元施工时，先抓两侧土体，后抓中心土体，如此反复，直至设计槽底标高。

异形、T形或L形槽段采用对称分次直挖成槽，即每一抓分次、对称、交替施工，宽度不足两抓的槽段则采用交替互相搭接工艺直挖成槽施工。

挖槽施工时应先调整成槽机的位置。对于无自动纠偏装置的成槽机，其主钢丝绳必须与槽段的中心重合。成槽机冲抓时必须做到稳、准、轻放、慢提，并用经纬仪双向监控钢丝绳的垂直度。挖完槽后用超声波测壁仪检测成槽垂直度，如误差超过规定的精度则需要修槽，修槽可用冲击钻或锁口管并联冲击。

挖槽时泥浆应不断循环，保持泥浆面在导墙顶面以下 0.2m，且高出地下水位 0.5m。雨天地下水位上升时及时加大泥浆比重及黏度，雨量较大时暂停挖槽，并封盖槽口。

在挖槽施工过程中，若发现槽内泥浆液面降低或浓度变稀，要立即查明是否因地下水流入或泥浆随地下水流走所致，并采取相应措施纠正，以确保挖槽继续正常进行。

（4）清底

在挖槽结束后清除以沉渣为代表的槽底沉淀物的工作称为清底。挖槽结束后，悬浮在泥浆中的颗粒将渐渐沉淀到槽底，此外，在挖槽过程中被排出而残留在槽内的土渣也需要清除至地面，以提高地下连续墙的承载力，减小墙体沉降。清底方法同泥浆护壁钻孔灌注桩的清孔方法，也就是通过泥浆的循环将沉渣带到地面。

（5）安接头管

地下连续墙分段施工，各段之间以接头连接。一般用于支护的连续墙所用的接头形式是接头管，在吊放钢筋笼之前先吊放接头管，如图 7-37 所示。

接头管通常用无缝钢管制作，壁厚 8～15mm，每节长 5～10m，外径等于设计墙厚，连接方式主要有内法兰螺栓连接、销轴连接、螺栓-弹性锥套连接。

（6）吊放钢筋笼

将在地面预先制作并经检验合格的钢筋笼垂直吊放入槽（图 7-38），钢筋笼底端与槽底距离应为 100～200mm，笼体保护层垫块应符合钢筋保护层的设计要求。

图 7-37 插入接头管

图 7-38 吊放钢筋笼

钢筋笼采用横梁、铁扁担和起吊支架等进行吊装，四个吊点、两台吊车同时操作。吊装时先把钢筋笼立直再移动。为了不使钢筋笼在空中晃动，可在其下端系上绳索，用人力辅助平衡。为了保证吊装的稳定，可采用滑轮组自动平衡中心装置，以保证垂直度。

钢筋笼进入槽孔时，钢筋笼中心必须对准单元段的中心，垂直而又准确地插入槽内，然后徐徐下降。此时必须注意不要因起重臂摆动而产生横向摆动。如果钢筋笼不能顺利入槽，应将其提出槽外，查明原因并采取相应措施后再吊放入槽。不能强行插入，避免导致钢筋笼变形、槽孔坍塌。

钢筋插入槽内后，检查其顶端高度是否符合设计要求，然后将其搁置在导墙上。当地下连续墙很深、钢筋笼很长而现场起吊能力有限时，可将钢筋笼分段，第一段先吊入槽段内，至端部露出导墙 1m 时，临时架立到导墙上，然后吊起第二段钢筋笼，经对中调正垂直度后与第一段焊接。焊接接头的方式有两种：一种是逐根对准焊接，另一种是用通长钢板连起来焊接。逐根对准焊接用时很长且连接质量难以控制，因此一般采用另一种方式。

（7）水下混凝土浇筑

浇筑混凝土前要对槽内泥浆进行第二次清底，清底方法较多，常用的是导管吸泥法和反循环钻机吸泥法。

地下连续墙混凝土的浇筑用导管法，与泥浆护壁成孔灌注桩混凝土的浇筑方法相类似。

在混凝土浇筑过程中，导管下口总是埋在混凝土内 1.5m 以上，使从导管下口流出的混凝土将表层混凝土向上推动，从而避免与泥浆直接接触。但导管插入太深会使混凝土在导管内流动不畅，有时还会产生钢筋笼上浮，因此导管最大插入深度不宜超过 9m。当混凝土浇筑快到顶时，导管内混凝土不易流出，此时一方面要降低浇筑速度，另一方面可将导管的最小埋入深度减为 1m。如果混凝土还浇不下去，可将导管上下抽动，但抽动范围不得超过 30cm。

混凝土浇筑完后，经过 2～3h，在混凝土初凝前将接头管拔出。拔管常用顶升架配合吊机进行，或直接用液压顶升机拔起。第一次上提 0.2～0.3m，马上放下，以后每间隔 3h 上提一次，提高 0.5～1m 再放下，如此反复进行。当混凝土全部初凝后，将接头管拔出，清洗干净，放在平整的地面上。为了准确掌握锁扣管起拔的时间，施工前要掌握每个单元段混凝土的初凝时间，并在现场做初凝试验的试件。

重复以上施工工序，完成其他单元段的浇筑。

在相邻单元段灌注混凝土时，应先用刷壁器沿上一单元段接头处的混凝土面上下来回清刷，刷去接头面处的残留泥浆，直到刷壁器上的钢丝不带有淤泥为止，才可进行新单元段混凝土的灌注。

7.2.5 逆施法

按自下而上的顺序施工叫顺施，逆施即按自上而下的顺序施工。目前还没有地面以上的逆施，但地面以下的逆施却是现代房屋建造的前沿施工技术之一。逆施法的基础是地下连续墙，地下工程只要有地下连续墙，就可应用逆施法。其施工流程是：地下工程事先沿基坑四周施工地下连续墙，地下连续墙既是基坑挡土结构，也是地下室的外墙，加上与连续墙同步施工的内连续墙或支撑桩，共同承担上部结构自重和施工荷载，然后在地面施工±0 层的梁板结构，开挖第一层土方到负一层底面标高，施工负一层的梁板楼面结构，与地下连续墙交圈，随后逐层向下开挖土方和浇筑下面各层地下结构，直至底板封底；同时，由于地面±0 层的楼面结构率先完成，可以同步向上逐层进行地上结构的施工。如此地面上下同步进行施工，直至工程结束。

1. 逆施法分类

地下结构、地上结构同步施工，地上自下而上、地下自上而下同时施工的方法称为全逆作法；仅地下结构逆施，地上结构不同步施工时，称为半逆作法。部分结构采用顺作法，部分结构采用逆作法的施工，称为部分逆施法。"先撑后挖"原则中体现了分层逆施法，如土钉墙就是自上而下分层施工的。

2. 逆施法施工流程

清理场地→施工地下连续墙→施工支撑桩或内连续墙→施工±0楼板→暗挖负一层土方→施工负一层结构→暗挖负二层土方→施工负二层结构→……→直至最底层。此时，地面正二层及以上结构可同步施工。

3. 关于抗渗

逆施法"两墙合一"，地下连续墙既是支护结构，又是地下结构的外墙。其和纯粹用于支护的地下连续墙不同的是，单元段间的连接必须保证不会渗水。常用的抗渗接头有圆形锁口管接头、十字钢板接头、工字钢接头等。此外，必要时还可在接缝外侧用高压喷射注浆加强。

4. 中间支撑桩

中间支承桩多为下部是钢筋混凝土柱、上部是钢柱的形式，下部按钻孔灌注桩的工艺施工，上部钢柱在钻孔灌注桩做完后吊放，吊放的位置要十分准确。现场可使用专用定位器，定位器由基座与定位盘组成，在定位盘上有八个螺杆用来调整钢柱的平面位置，在四个角处有四个千斤顶用来调节钢柱的垂直度（图7-39）。

图7-39　专用定位器

5. 逆施法的优点

1）采用逆施法，一般地下室外墙与基坑支护两墙合一，省去了单独设立的围护墙，不需要再花费支护的费用。

2）采用逆施法，上部结构的施工不用等到基础工程全部完工后才开始，而是在±0层的梁板结构完成后就可以开始，从这时算起，地下工程与上部结构平行施工，不单独占用工期。

3）在±0层的梁板结构完成后，后面的地下工程都是在±0层的梁板结构下施工，相当于把室外施工变成了室内施工。

逆施法也存在不足，如上下结构同步立体施工，施工组织非常复杂，对施工单位要求较高等。

7.2.6　装配式支护

装配式基坑支护是以预制构件为主体，复合各种技术手段，在现场装配施工的基坑支护技术。目前，市场上较为成熟的装配式支护结构有预制地下连续墙、预应力鱼腹梁工具式组合内支撑支护、内插预制方桩复合支护等。

1. 预制地下连续墙

预制地下连续墙是采用常规的方法成槽，泥浆护壁，成槽后逐段插入预制的墙体，然后在两段墙体间采用现浇混凝土将其连成一个连续墙体的工艺。

由于受到起重设备的限制，预制地下连续墙一般适用于9m以内的深基坑。

（1）构造

预制地下连续墙是分段预制，分段的截面有正方形、长方形等多种形式，但都是空心设计，图7-40所示为其中一种。分段（墙段）长度方向一侧凸出，另一侧为凹槽，凹凸配合，凸出处设有注浆孔，竖向还有若干袖阀管注浆孔与之相通；墙段上端有螺栓对接拼装孔，用于竖向多幅墙段拼装；侧面外部设有吊装定位孔，如图7-40所示。

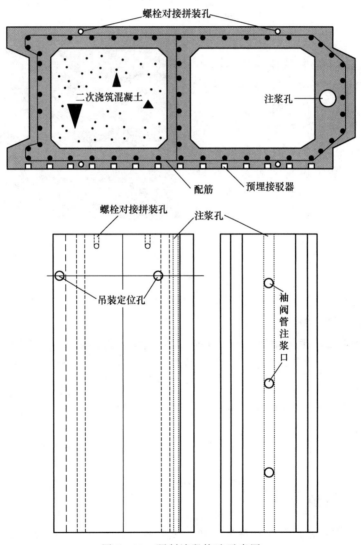

图7-40 预制墙段构造示意图

（2）工艺流程

导墙施工→成槽→安放定位架→吊装墙段→墙段竖向拼接→墙段纵向拼接（接缝处用袖阀管分层注浆）→空腔二次浇筑混凝土→墙底端承力及墙体摩阻力的恢复。

（3）护壁泥浆的配制

与现浇的地下连续墙不同，护壁泥浆不需要泥浆循环进行携渣，也没有浇筑混凝土时对浇筑质量的影响，预制的地下连续墙槽内的护壁泥浆采用较高密度和黏度的泥浆，可以提高护壁的稳定性。采用自凝泥浆技术护壁效果也很好，但成本较高，一般不采用。

（4）安放定位架

用型钢做定位架放在导墙上，作为墙段吊入的垂直导向和定位。

（5）吊装墙段

墙段上有四个吊装定位孔，在孔上拼装吊架上的螺杆，根据确定的位置和定位将墙段单机吊入槽内，然后将螺杆旋转顶入固定孔内，临时固定在定位架上，方便上下幅墙段进行竖向拼接。

（6）墙段竖向拼接

下幅墙段吊入并临时固定在定位架上后，吊起上幅墙段，对准拼装孔插入，连接螺栓。对接完成后，沿着定位架继续下吊，最后使上幅墙段临时固定在定位架上。如果还有第三幅，重复以上步骤，直到完成竖向多幅墙段的连接。

（7）墙段纵向拼接（接缝处用袖阀管分层注浆）

相邻两段预制墙之间的凹凸配合存在缝隙，而且为了方便注浆，还要特意留 30mm 的空间。相邻两段预制墙吊装完成后，要及时封堵这个空间，一般采用袖阀管分层注浆进行封堵。由于在预留的注浆孔内有护壁的泥浆，首先用挤压式注浆泵向注浆孔内灌入套壳料，挤走泥浆，然后立即插入袖阀管。由于每节袖阀管的长度只有 40cm，袖阀管的接长要用 PVC 套管连接，在上下两幅预制墙处也要用套管连接。袖阀管安装妥当后分层、分段、定量、间歇式注浆。袖阀管注浆的原理是：浆液经过注浆泵加压后进入注浆管，经过泄浆孔，挤碎套壳料，沿着缝隙渗透、充填。自下而上逐渐提升注浆内管，分段注浆。

（8）孔内浇筑混凝土

注浆完成后，要对墙段中的空腔进行二次混凝土浇筑。由于不能采用振捣棒振捣，采用自密实混凝土灌注。

（9）墙底端承力及墙体摩阻力的恢复

成槽过程会对槽的两侧土体产生扰动，使土体丧失部分摩阻力。对于现浇的连续墙，浇筑前进行了清底，沉渣厚度小于规定值，不会影响连续墙的端承力，而现浇的混凝土也会充满槽内，混凝土与土体之间没有缝隙，墙体的摩擦力就自然形成。而预制的地下墙没有清槽工序，槽底的沉渣阻碍了端承力的形成，加上预制墙体与土体之间有 2～4cm 的缝隙，不可能产生摩擦力，因而吊装就位后需要想办法恢复墙底端承力及墙体摩擦力。端承力的恢复办法有两种：一是在成槽结束后往槽底投放适量的碎石，使碎石面标高高出设计槽底 5～10cm，等待墙体吊放后，依靠墙体的自重压实槽底碎石层及土体；二是对碎石层进行注浆，确保端承力的形成。而摩擦力的恢复主要通过设置在导墙和墙体内的注浆管对 2～4cm 的缝隙进行注浆，直至缝隙内的泥浆全部被置换。

2. 咬合桩＋预应力鱼腹梁工具式组合内支撑支护

预应力鱼腹梁工具式组合内支撑系统（简称 IPS）主要由鱼腹梁、对撑、托架与支撑梁、角撑、立柱等组成（图 7-41）。这种支护体系实际上就是用鱼腹梁代替部分对撑，腾出施工空间，也可以说是鱼腹梁与工具式组合内支撑的组合。其中，鱼腹梁由围檩、腹杆、预应力钢绞线、三角键等组成，如图 7-42 所示。

图 7-41　预应力鱼腹梁工具式组合内支撑系统的组成

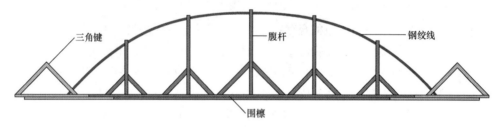

图 7-42　鱼腹梁的组成

（1）鱼腹梁的工作原理

用锚具将钢绞线锚固在三角键上，并对钢绞线进行张拉，施加预应力，预应力通过腹杆传到围檩上，围檩向基坑外产生主动的按压作用力，在这个作用力下，基坑外土层被压制，基坑开挖后坑外土压力的作用被推迟，甚至抵消，从而确保基坑开挖过程中的安全性。

鱼腹梁的跨度可达 60m 以上，使坑内的内支撑变得稀疏，立柱也大量减少，为地下工程的施工提供了宽敞的空间。IPS 的构件是工具式的，安装快速，拆除也方便，大大缩短了基坑工程的施工工期。

（2）IPS 工艺流程

咬合桩施工→牛腿施工→围檩安装→安装托架与支撑梁→安装角撑→安装鱼腹梁→安装对撑→对撑施加预应力。

（3）牛腿施工

牛腿采用型钢制作成三角托架，然后现场安装。安装前凿出咬合桩上的钢筋2～3根，清理干净焊接部位，便可以焊接牛腿了（图 7-43）。要注意严格控制所有牛腿的承托面在同一水平面上。

（4）围檩安装

安装之前必须确定轴线基准点。基坑相邻两个转角内侧可以作为基准点，围檩中间外边线任何两点也可以作为基准点。用全站仪或经纬仪通过坐标找到基准点，然后挂线，按两点一线的方法标识围檩的轴线，围檩在牛腿上的位置也同时标出。

遵循"先长后短，减少接头数"的原则，优先使用标准节长12m的构件。围檩逐段吊装，人工配合吊机，吊至标识位置后检查牛腿是否因撞击而松动，如有松动立即补焊加固。第一道围檩与预埋在冠梁上的地脚螺栓固定（图7-44）。

图7-43　焊接牛腿　　　　　　　　　　　图7-44　围檩安装

（5）安装托架与支撑梁

采用地面预拼、整体吊装的工艺。托架与支撑梁一般焊接在围檩上，必须满焊，焊缝高度≥8mm，并确保整个托架与支撑梁的水平度。

（6）安装角撑

在地面进行预拼，并拼接伸缩装置，检查合格后按部位进行整体吊装，就位后用高强螺栓固定在围檩上（图7-45）。

（7）安装鱼腹梁

跨度超过50m的鱼腹梁按构件吊装，现场拼装；小跨度的鱼腹梁在地面预拼，整体吊装，起吊后两端由人工牵引，摆放在支撑牛腿上，用高强螺栓紧固在围檩上。预应力钢绞线采用砂轮机切断下料。其张拉应按顺序逐根进行，分三次张拉到设计应力，第一次张拉到20%的设计值，第二次张拉到70%的设计值，第三次张拉到100%设计值。张拉时应使千斤顶的张拉力作用线与预应力筋的轴线重合。

（8）安装对撑

如场地条件允许，可以在地面进行预拼，然后整体吊装。如条件不允许，按构件吊装，现场拼装，拼装或整体吊装就位后，在对撑的两端安装若干伸缩装置（图7-46），伸缩装置用高强螺栓固定在托架上。

图7-45　安装角撑　　　　　　　　　　图7-46　伸缩装置

（9）对撑施加预应力

先施加 60% 的设计值，接着加压到 110% 的设计值。

第一道 IPS 完成后，可以马上开始挖土，分层分块挖土，挖至第二道 IPS 的位置，按类似第一道 IPS 的施工顺序架设第二道 IPS，以此类推，直到坑底。

3. 内插预制方桩复合支护

这种支护体系是在钻孔灌注桩中内插预制的钢筋混凝土方桩复合成排桩的支护方式，排桩不能挡水，还要配合止水措施，一般在排桩之间加做高压旋喷桩予以解决。所以，这种支护方式就是钻孔灌注桩＋方桩＋旋喷桩的复合排桩支护（图 7-47）。

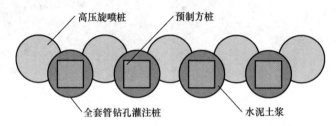

图 7-47 内插预制方桩复合支护示意图

钻孔灌注桩采用全套管钻孔灌注桩，也可采用全套管全螺旋钻孔灌注桩；钻孔桩内可以有钢筋笼，也可以是素桩；桩内灌注料可以是混凝土，也可以是水泥、黏土搅拌混合浆（水泥土浆）。方桩是预制的钢筋混凝土实心桩，旋喷桩采用高压旋喷桩。

钻孔桩采用全液压双动力头螺旋钻孔机钻孔、全套管护壁的内插预制方桩复合支护工艺流程如下：

全螺旋钻孔→运土→拌制水泥土浆→灌注水泥土浆→接桩平台就位、调平→吊桩、插入第一节方桩→起吊第二节方桩→接桩→……（接近设计深度）→送桩至设计深度或超过设计深度→移开接桩平台→拔套管→高压旋喷桩施工→挖土至冠梁底标高→冠梁现浇施工。

（1）拌制水泥土浆

将钻进时螺旋钻机孔口的返土用小挖机转至自卸汽车内，运送至黏土分离设备，筛分合格后作为水泥土加工原材料。水泥土拌制采用筛分的黏土和水、水泥和水分开搅拌再混合拌和的方法。

（2）灌注水泥土浆

当钻至设计深度后，原位旋转内侧动力头，清除孔底沉渣，然后边提钻边泵入水泥土浆，水泥土浆的泵送速度与钻机的提升速度相匹配。

（3）接桩平台就位

灌浆完成后，钻机后移，将接桩平台下部卡槽扣在定位轨道上，通过操作杆对接桩平台的四个液压支腿进行调平。

（4）吊桩、插入第一节方桩

第一节方桩吊运时，使用卡环与方桩上的吊装孔连接，在方桩预埋螺栓侧做入桩深度标记，起吊送至接桩平台。下放时方桩深度标记侧朝向基坑内部，待桩顶外露于施工平台 1～1.5m 时，利用平台底部的液压装置夹持、固定方桩。

（5）起吊第二节方桩→……→拔套管

第二节方桩顶部安装专用起吊连接件，接桩时上下节桩保持顺直，标记侧同向，利用气动扳手将连接螺栓拧紧，对接头进行防腐处理，送桩器底部液压钳与第二节方桩桩顶蘑菇头连接，使用振动锤将方桩振至设计标高后松开送桩器液压紧固装置，将送桩器吊出，移开接桩平台，待水泥土浆灌注 1h 后，利用全液压驱动双动力头螺旋钻孔机将护筒垂直拔出。

（6）高压旋喷桩施工

利用高压水（浆）＋高压气＋高频振动冲击＋地下微气爆的全新联动机理，增大水泥浆的扩散范围，实现帷幕桩与支护桩的紧密连接。

（7）冠梁施工

待复合桩支护全部完工并达到设计强度后，进行预制方桩桩顶冠梁基槽开挖。基槽开挖完成后，对桩顶进行清理，同时在预制方桩桩顶与冠梁连接的预埋螺栓上安装冠梁预埋筋，并与冠梁整体骨架连接，形成整体结构。

主要参考文献

［1］陈保钢，等．广州西塔项目泵送设备选型［J］.建设机械技术与管理，2009，1（13）：42-44.

［2］陈树志．叠合板式混凝土剪力墙结构在工程中的应用［J］.安徽建筑，2016，2（27）：74-77.

［3］唐华联．GRC复合外墙保温板的施工与安装［J］.石化技术，2018（9）：285-324.

［4］薛敬丞，等．胶合木框架-CLT剪力墙结构抗震性能试验［J］.土木工程与管理学报，2019，5（22）：150-156.

［5］彭典勇，等．装配式内装修体系实践［J］.城市住宅，2018（1）：42-47.

［6］国贤发，等．被动窗选型及安装工艺研究［J］.施工技术，2017，46（22）：97-100.

［7］彭梦月．被动式低能耗建筑气密性措施及检测方法与工程案例［J］.建设科技，2017，15（5）：39-41.

［8］住房和城乡建设部．被动式超低能耗绿色建筑技术导则（试行）［S］.2015.